Maria Beyerl

Was tun, wenn man nicht mehr weiß, was zu tun ist?

Empirische Erkundungen zum Wechseln von Lösungsanläufen beim Bearbeiten mathematischer Probleme

disserta Verlag

**Beyerl, Maria: Was tun, wenn man nicht mehr weiß, was zu tun ist? Empirische
Erkundungen zum Wechseln von Lösungsanläufen beim Bearbeiten mathematischer
Probleme. Hamburg, disserta Verlag, 2015**

Buch-ISBN: 978-3-95935-058-7
PDF-eBook-ISBN: 978-3-95935-059-4
Druck/Herstellung: disserta Verlag, Hamburg, 2015
Covermotiv: © carlosgardel – Fotolia.com

Bibliografische Information der Deutschen Nationalbibliothek:
Die Deutsche Nationalbibliothek verzeichnet diese Publikation in der Deutschen
Nationalbibliografie; detaillierte bibliografische Daten sind im Internet über
http://dnb.d-nb.de abrufbar.

Das Werk einschließlich aller seiner Teile ist urheberrechtlich geschützt. Jede Verwertung
außerhalb der Grenzen des Urheberrechtsgesetzes ist ohne Zustimmung des Verlages
unzulässig und strafbar. Dies gilt insbesondere für Vervielfältigungen, Übersetzungen,
Mikroverfilmungen und die Einspeicherung und Bearbeitung in elektronischen Systemen.

Die Wiedergabe von Gebrauchsnamen, Handelsnamen, Warenbezeichnungen usw. in
diesem Werk berechtigt auch ohne besondere Kennzeichnung nicht zu der Annahme,
dass solche Namen im Sinne der Warenzeichen- und Markenschutz-Gesetzgebung als frei
zu betrachten wären und daher von jedermann benutzt werden dürften.

Die Informationen in diesem Werk wurden mit Sorgfalt erarbeitet. Dennoch können
Fehler nicht vollständig ausgeschlossen werden und die Diplomica Verlag GmbH, die
Autoren oder Übersetzer übernehmen keine juristische Verantwortung oder irgendeine
Haftung für evtl. verbliebene fehlerhafte Angaben und deren Folgen.

Alle Rechte vorbehalten

© disserta Verlag, Imprint der Diplomica Verlag GmbH
Hermannstal 119k, 22119 Hamburg
http://www.disserta-verlag.de, Hamburg 2015
Printed in Germany

Danksagung

An dieser Stelle möchte ich gerne zunächst den Menschen danken, die mich während der Zeit der Entwicklung dieser Masterarbeit begleitet haben.

Mein Dank gilt hier in erster Linie Prof. Dr. Frank Heinrich, der mich auf überdurchschnittliche und besonders herzliche Art und Weise in meinem Schreibprozess unterstützte und stets ein offenes Ohr und Anregungen zur Verfügung stellte. Es freut mich sehr, einen so engagierten und interessierten Betreuer für diese Arbeit gefunden zu haben.

Ein weiterer Dank gilt hier ebenfalls M. Ed. Steffen Juskowiak, der mir nicht nur freundlicherweise Einblick in sein noch unveröffentlichtes Dissertationsmanuskript gewährte, sondern auch für Fragen aller Art offen war und mir stets mit Rat und Tat zur Seite stand.

Natürlich danke ich auch meinen Freunden und meiner Familie, besonders hier meiner Mutter Doris Maria Beyerl und meiner Tante Ulrike Seibt-Keller, sowie ihrem Mann Siegfried Keller, für die Unterstützung und die liebevollen Ratschläge. Insbesondere möchte ich hier auch Frau Svenja Strecker hervorheben, mit der ich nicht nur inhaltlich sehr viel über das Thema dieser Arbeit diskutieren konnte, sondern die mir auch eine besondere mentale Weggefährtin in dieser Zeit war. Schließlich geht ein besonderer Dank auch an Lucas Wienke, der sämtliche Sorgen auffing, und für das „Bild mit Katze".

Inhalt

I Theorie 9
1 Einleitung 9
2 Problemlösen: Prozess und Kompetenz 12
    2.1 Was ist Problemlösen? 12
        2.1.1 Problemlösen im allgemeinen Sinn 12
        2.1.2 Mathematisches Problemlösen 24
    2.2 Problemlösen im mathematikdidaktischen Kontext 34
        2.2.1 Problemlösekompetenz 35
        2.2.2 Ansatzpunkte und Maßnahmen zur Förderung der Problemlösekompetenz – eine Bestandsaufnahme 37
3 Wechsel von Lösungsanläufen bzw. Lösungsansätzen 47
    3.1 Merkmale des Wechsels von Lösungsanläufen bzw. Lösungsansätzen 48
    3.2 Wechselanlässe 51
    3.3 Wechselinhalte 53
4 Forschungsdefizite & Forschungsbedarf 57
II Studie 59
5 Empirische Erkundungen zum Wechsel von Lösungsansätzen beim mathematischen Problemlösen: eine Studie aus dem Jahr 2010 59
    5.1 Rahmenbedingungen und Methodologie 59
        5.1.1 Auswahl der Probanden 59
        5.1.2 Auswahl der Probleme 60
        5.1.3 Methodologie 63
    5.2 Teilausschnitt der Studie 67
        5.2.1 Die Probanden 67
        5.2.2 Das Problem 68
6 Analyse der Bearbeitungsprozesse 73
    6.1 Zur Darstellung und Analyse der Bearbeitungsverläufe unter besonderer Berücksichtigung des Wechsels von Lösungsanläufen 73
    6.2 Beschreibung und Analyse der Bearbeitungsprozesse 75
        6.2.1.a Beschreibung der Bearbeitung von Versuchsperson 1 75
        6.2.1.b Analyse der Bearbeitung von Versuchsperson 1 85
        6.2.2.a Beschreibung der Bearbeitung von Versuchsperson 2 89
        6.2.2.b Analyse der Bearbeitung von Versuchsperson 2 93
        6.2.3.a Beschreibung der Bearbeitung von Versuchsperson 11 98

6.2.3.b Analyse der Bearbeitung von Versuchsperson 11 105

6.2.4.a Beschreibung der Bearbeitung von Versuchsperson 13 109

6.2.4.b Analyse der Bearbeitung von Versuchsperson 13 114

6.2.5.a Beschreibung der Bearbeitung von Versuchsperson 14 116

6.2.5.b Analyse der Bearbeitung von Versuchsperson 14 121

7 Zusammenfassung der Befunde 127

    7.1 Auswertung der Bearbeitungsprozesse bezüglich des globalen Wechselverhaltens 127

    7.2 Zur „Qualität" des Wechselverhaltens im Hinblick auf Wechselinhalte 131

    7.3 Wechselstrategien und Wechselverhalten 132

    7.4 Fazit 134

8 Bedeutung für die Mathematikdidaktik 136

    8.1 Versäumte Chancen 136

    8.2 Gezielte Fördermöglichkeiten 136

9 Mögliche ausstehende Erkundungen 139

    9.1 Zur Problemlösekompetenz 139

    9.2 Zur Anwendung in der Mathematikdidaktik 140

10 Schlusswort 141

11 Anhang 142

    11.1 Fragebogen und Auswertungen zur Ablenkung während der Videoaufzeichnungen aufgrund der Arbeitsumgebung 142

    11.2 Fragebogen und Auswertungen zur Ablenkung während der Videoaufzeichnungen aufgrund des lauten Denkens 144

    11. 3 Ausgewählte Video- sowie Audiotranskiption von Versuchsperson 1 146

12 Abbildungsverzeichnis 160

13 Tabellenverzeichnis 163

14 Literaturverzeichnis 165

I Theorie

1 Einleitung

"Problemlösen ist das, was man tut, wenn man nicht weiß, was man tun soll"

G. H. Wheatley[1]

Der moderne Mensch zählt sich zu einer der "überlegensten Spezies", die jemals die Erde bevölkert haben, wenn nicht sogar zu *der* Überlegensten. Zu Recht, wenn man bedenkt innerhalb welcher erdgeschichtlich knappen Verweildauer auf diesem Planeten der Mensch zu einem der höchst entwickelten Lebewesen geworden ist, und mit einer Population von ca. 7 Milliarden nahezu die ganze Welt bevölkert. Neben der physischen Evolution, die z.B. der Wechsel in den aufrechten Gang nach sich zog, ist dieser große biologische Erfolg des *Homo sapiens*[2] (lat. „vernunftbegabter Mensch") ebenfalls die Folge einer ganz besonderen Gabe: das bewusste, kognitive Lösen von Problemsituationen. Sei es das Problem, ein Mammut zu jagen und zu erlegen, eine harte Nuss zu knacken, oder ein stabiles Gebäude zu errichten – in allen Fällen erfordert die Situation eine gewisse Denkleistung, die zu einer Lösung führt.[3]

Die Fähigkeit, Probleme zu erkennen, zu reflektieren und letztendlich zu lösen ist auch heute noch ein wichtiger Baustein in der Gesellschaft. In nahezu allen Lebensbereichen wird der Mensch vor neue Herausforderungen gestellt, die es zu bewältigen gilt. Sprechen wir also von der Fähigkeit Probleme zu lösen als Kompetenz, so kann sie wohl zu den essentiellsten Qualifikationen für die Weiterentwicklung der Menschheit gezählt werden. Diese Tatsache im Blick, ist es nur eine logische Folge, diese Kompetenz auch an die jeweiligen nachfolgenden Generationen weiterzugeben, sie darauf hin zu trainieren und ihr Möglichkeiten zum Ausbau zu bieten. Und in welcher Umgebung ist dies sinnvoller, als in der Lehr- und Lernumgebung schlechthin, der Schule?

---

[1] Original: "What you do when you don't know what to do". In: G. H. Wheatley: *Problem solving in school mathematics*. MEPS Technical Report 84.01, West Lafayette, Indiana, Purdue University, School of Mathematics and Science Center, 1984, S. 1
[2] Duden. Das Fremdwörterbuch. 2005
[3] *Zur weiteren Vertiefung des Themas wird empfohlen*: Klix, 1992 sowie Klix, 1993.

Wir sollten also auch, oder gerade besonders, ein didaktisches Augenmerk auf die Thematik werfen. Der schulische Kontext bietet nämlich sehr vielseitige Gelegenheiten, in die sich ein solches Training integrieren lässt. Im Fokus dieser Arbeit soll hierbei besonders der mathematikdidaktische Bereich stehen, denn gerade in diesem Bereich kam es innerhalb der vergangenen Jahrtausende wiederholt zu gewinnbringenden Neuerungen. „Das Lösen mathematischer Probleme hat auf jeden Fall über 5000 Jahre immer wieder zu wesentlichen Fortschritten geführt. Der Bedarf nach praktischem Nutzen war dabei ein wichtiges, aber nur eines von mehreren Motiven."[4] Oft bildeten sie die Grundlage für gesellschaftsverändernde Neuerungen. Bei der Einbettung in den mathematikdidaktischen Kontext geht es also auch darum, die Grundsteine für die Innovationen von morgen zu legen. Doch wie ist das möglich?

Die folgende Arbeit soll als Unterstützung zur Findung einer Antwort auf diese Frage dienen. Sie teilt sich dafür in zwei Bereiche auf; einen theoretischen und einen empirischen Teil. In den ersten vier Kapiteln soll zunächst eine theoretische Basis dafür gelegt werden. Diese umfasst anfänglich die Klärung einiger ausschlaggebender Begriffe, wie z.B. die Frage, was ein Problem im Sinne dieser Arbeit überhaupt ausmacht. Aufbauend darauf möchte ich einen Einblick in die bisherigen Ansätze innerhalb der Mathematikdidaktik geben und aufzeigen, in welchem Rahmen hierzu bereits Vorstöße stattgefunden haben, aber auch wo noch Forschungsbedarf besteht. Eine besondere Berücksichtigung soll hierbei ein ganz markantes Merkmal des Problemlösens darstellen: der Wechsel von verschiedenen Lösungsanläufe bzw. Lösungsansätzen innerhalb eines Problembearbeitungsprozesses. Was tut beispielsweise eine Schülerin, wenn sie an einem bestimmten Punkt „nicht weiter kommt"? Ein Umstand, der beim Lösen von Problemen eher schon fast die Regel ist. Warum kommt sie nicht weiter und was sind ihre Alternativen? Da dieses Thema in der Breite noch weitgehend unerforscht ist, möchte ich anhand einer Fallstudie aus dem Jahr 2010 im zweiten Teil der Arbeit (Kapitel 5 bis 7) untersuchen, welcher Art diese Wechsel sind und welche Auswirkungen diese Wechsel auf den gesamten Problemlöseprozess, bzw. seine Qualität haben, um schließlich in Kapitel 8 bis 10 aufzeigen, welche Konsequenzen daraus folgen können.

---

[4] Zimmermann, 1999, S. 3

Der Leitgedanke dieser Arbeit lässt sich also im Speziellen in den folgenden zwei Fragestellungen manifestieren:

(1) Warum werden begonnene Lösungsanläufe abgebrochen?

(2) Welche Anregungen liefern die Befunde von (1) auch und gerade im Hinblick auf die Förderung der Problemlösekompetenz?

2 Problemlösen: Prozess und Kompetenz

2.1 Was ist Problemlösen?

Wie in der Einleitung schon angedeutet wurde, bezieht sich das Lösen von Problemen nicht nur auf den mathematischen Bereich.

> „Fast täglich begegnet man Situationen und Anforderungen bzw. *Aufgaben*, die – zumindest umgangssprachlich – als *Problem* bezeichnet werden. Dies kann zu den unterschiedlichsten Gegebenheiten geschehen, zum Beispiel beim Wechsel eines defekten Reifens oder bei der Herausforderung der Wissenschaft. Diese Alltagsrelevanz ist ein Grund, aus dem das Thema Problemlösen ein wichtiger Forschungsgegenstand der Psychologie ist."[5]

Widmen wir uns also zunächst dem Problemlösen im Allgemeinen und im Nachfolgenden im mathematischen Sinn.

2.1.1 Problemlösen im allgemeinen Sinn

Im Gegensatz zum Autor des vorhergegangenen Zitats, möchte ich in meiner Arbeit die Begriffe Aufgabe und Problem deutlich voneinander trennen. Ich orientiere mich dabei an der Definition von DÖRNER, die wie folgt lautet:

„Was ein *Problem* ist, ist einfach zu definieren: Ein Individuum steht einem Problem gegenüber, wenn es sich in einem inneren oder äußeren Zustand befindet, den es aus irgendwelchen Gründen nicht für wünschenswert hält, aber im Moment nicht über die Mittel verfügt, um den unerwünschten Zustand in den wünschenswerten Zielzustand zu überführen.

Ein Problem ist also gekennzeichnet durch drei Komponenten:

1. Unerwünschter Anfangszustand S_α
2. Erwünschter Endzustand S_ω
3. Barriere, die die Transformation von S_α in S_ω im Moment verhindert."[6]

---

[5] Rott, 2013, S. 5
[6] Dörner, 1976, S.10

Der Unterschied zur *Aufgabe* besteht hierbei darin, dass zwar S_α und S_ω ebenso vorhanden sind, jedoch keine *Barriere* die Transformation behindert. Es ist also schon eine Methode bekannt, wie sie zu bewältigen ist.

Die Anbringung eines Regals an eine Wand stellt beispielsweise für eine Person, die das entsprechende Handwerkszeug besitzt, oder wenigstens weiß, welches Werkzeug wie zu benutzen ist, eine leicht lösbare Aufgabe dar, da sie sich lediglich auf die Ausführung des Löseprozesses konzentrieren muss, während eine Person ohne entsprechendes Handwerkszeug, bzw. ohne die Kenntnis über dessen adäquate Nutzung, den Löseprozess erst noch kreativ mit Inhalten füllen muss.

Geht man davon aus, dass ein Problem aus drei Komponenten besteht (Anfangszustand, Transformation und Endzustand), so ergibt sich die Schwierigkeit des Lösens darin, dass die Gestaltung nicht aller dieser Komponenten bekannt ist. Dies muss aber nicht zwangsläufig die Transformation sein. KÖSTER (1994) unterteilt in drei Problemtypen:

1. Dem problemlösenden Individuum ist der Anfangszustand und die Transformation bekannt bzw. vorgegeben. Gesucht ist der Zielzustand bzw. die Klasse daraus erzeugbarer Endzustände.
2. Gesucht wird der Anfangszustand bzw. die Klasse der Anfangszustände bei bekanntem Zielzustand und möglichen Transformationen.
3. Sind der Anfangs- und der Endzustand gegeben und die Überführung (Transformation) des einen in den anderen ist gesucht, liegt ein weiterer Problemtyp vor. Hier geht es primär um die Auswahl bzw. Ausbildung einer geeigneten Transformation.[7]

An diese Einteilung anknüpfend benennt HIEBSCH (1977) noch einen weiteren Problemtyp, den er für Erkundungsforschung relevant hält:

4. Gegeben ist lediglich der Anfangszustand. Das Ziel und mögliche Transformationen sind (noch) unbekannt.[8]

Probleme können also aufgrund der Verortung des fehlenden Wissens über ihren Lösungsprozess gegeneinander abgegrenzt werden.

---

[7] Köster, 1994, S. 16/17
[8] Vgl. Heinrich, 2004, S. 30

DÖRNER unterscheidet ebenfalls nach verschiedenen Problemtypen, allerdings macht er die in erster Linie von der Beschaffenheit der Barriere abhängig. Es ist einerseits möglich, dass die Methoden hierfür der Problemlöserin gänzlich unbekannt sind, oder sie verfügt andererseits zwar theoretisch über das notwendige Wissen, vermag dieses jedoch nicht auf geschickte Weise so zu verknüpfen, dass es zur Lösung führt. Es ist ebenso denkbar, dass einer Person der Zielzustand nicht von vornherein klar ist, dass er sich also erst als Teil des Problemlöseprozesses offenbart. Dies hat natürlich einen maßgeblichen Effekt auf die Wahl der Lösungshilfsmittel.[9] Im außermathematischen Bereich könnte dies zum Beispiel ein Missstand in Politik und Gesellschaft ausmachen, dessen Unhaltbarkeit zwar allgegenwärtig diskutiert wird, aber noch keine vorstellbaren Alternativen existieren, nach denen man entsprechenden den Problemlöseprozess richten kann. „Bei Denk- und Problemlöseprozessen handelt es sich um sehr vielschichtige (komplexe) geistige Abläufe. Diese Komplexität ergibt sich zum einen aus der Anzahl und Verschiedenartigkeit der beteiligten kognitiven Teilprozesse und zum anderen aus der Vielfalt möglicher Problemstellungen."[10] Es ist also notwendig, dass zwischen verschiedenen *Problemtypen* unterschieden wird. Für diese Unterscheidung ist die Beschaffenheit der Barriere essentiell, welche stark subjektiv von der jeweiligen Akteurin abhängt. Wie schon erwähnt, kann sie beispielsweise darin bestehen, die Vielfalt der geeigneten Operationen, um die das Wissen schon potentiell vorhanden ist, aufgrund ihrer Vielzahl nicht sämtlich auf die Eignung untersuchen zu können. DÖRNER spricht in diesem Fall von einer *Interpolationsbarriere*. Ein Beispiel hierfür ist das Schachspiel. Die Art der Züge ist klar vorgegeben und der Schachspielerin (davon ausgehend, dass sie die Spielregeln beherrscht) bekannt. Um im Spiel erfolgreich zu sein, muss sie „nur" die günstigste Kombination an Zügen herausfinden. Hier liegt ihre Barriere, die dem Gewinnen den Problemcharakter zuweist. Eine andere Möglichkeit der Beschaffenheit einer Barriere, ist, dass die zielbringenden Operationen erst noch gefunden werden müssen. Hier ist es für Dörner unerheblich, ob sie der Pröblemlöserin völlig unbekannt sind, oder sie sie nur nicht zum Lösen in Betracht zieht. In diesem Fall spricht er von einer *Synthesebarriere*[11]. Die folgende Aufgabe stellt für die meisten bearbeitenden Menschen eine eben solche dar.

---

[9] Vgl. Dörner, 1976, S. 11
[10] Hussy, 1993, S. 18
[11] Dörner, 1976, S. 12

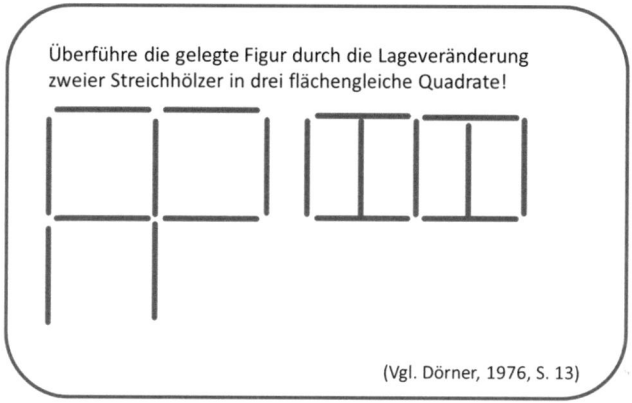

Abb. 1: Denksportproblem Streichholzkonfiguration

Sie wird deshalb selten gelöst, da die Möglichkeit, die Streichhölzer auch innerhalb der schon bestehenden Quadrate zu platzieren von vornherein ausgeschlossen wird, ohne dass dies der Aufgabestellung zu entnehmen ist. Der Problemcharakter entsteht also in diesem Beispiel durch die fehlende Kenntnis über das Potential einer Operation.

Der dritte Problemtyp nach DÖRNER ergibt sich aus dem ebenfalls schon erwähnten Umstand, dass der Zielzustand unbekannt ist. Im Alltagsleben, sprich in vorrangig außermathematischen Situationen. Wie die der schon beschrieben Gesellschaftsumbruch, kann ein solches Problem auch für eine einzelne Person entstehen, beispielsweise Verfassen einer wissenschaftlichen Arbeit. Sicher, der Umstand, dass der Zielzustand eine fertige Arbeit beinhaltet ist der Verfasserin schon im Ausgangszustand klar, jedoch hat sie noch kein fest umrissenes Bild, sondern dies gestaltet sich erst bei fortschreitendem Bearbeitungsprozess. DÖRNER spricht hier von einer *dialektischen* Barriere. Die Dialektik äußert sich hier insofern, als dass der Zielzustand während des Lösungsprozesses, bei dem die Problemlöserin sowohl auf innere als auch auf äußere Widersprüche stößt, verändert und optimiert wird[12].

Fasst man dieser drei Problemtypen nun zusammen, so fällt auf, dass sie sich nach bestimmten Parametern richten. Einerseits nach dem Grad der Bekanntheit von Operationen und andererseits nach dem Grad der Klarheit der Zielkriterien.

---

[12] Dörner, 1976, S. 13

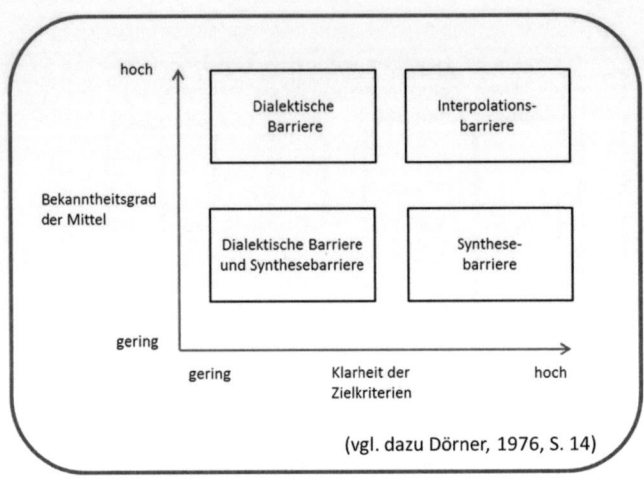

Abb. 2: Problemtypisierung nach Dörner

Vergleicht man nun die beiden Einteilungen in Problemtypen miteinander, so lässt sich erkennen, dass sie sich durchaus ähneln, wenn auch nur unterschiedlich begründet sind. Die Unterteilung nach KÖSTER ließe sich ähnlich in die obige Grafik einordnen. Hierbei entspräche das Problem mit einer Interpolationsbarriere in etwa der Situationen 1, bei der sowohl der Anfangszustand, als auch die Mittel bekannt sind, sowie auch der Situation 2, die Endzustand und Mittel voraussetzt (hier geschieht in gewisser Weise eine ähnliche Denkleistung, nur „anders herum"), das Problem mit einer Synthesebarriere der Situation 3, bei der Anfangs- und Endzustand bekannt sind, jedoch nicht (oder weniger) die Mittel für die Transformation, und das Problem mit einer dialektischen und einer Synthesebarriere entspräche der Situation 4, bei der lediglich der Anfangszustand gegeben ist, der Zielzustand sich aber je nach Wahl der Mittel noch verändert.

Nachdem wir nun erörtert haben, was ein Problem ist und in welche verschiedenen Problemtypen dieses sich aufteilen lässt, wollen wir uns nun näher dem *Problemlöseprozess*[13] widmen. KLUWE (1979) beschreibt ihn in etwa wie folgt: Da wir den Begriff Problem von dem Begriff Aufgabe insofern abgeschärft haben, als dass in diesem Fall keine standardisierten Lösungsverfahren (KLUWE spricht hier von Algorithmen) zur Verfügung stehen, ist

---

[13] *Der Begriff Problemlöseprozess soll hier zunächst im tatsächlichen Sinne verstanden werden. Im späteren praktischen Teil der Arbeit werde ich eher von Problembearbeitungsprozessen sprechen, da nicht immer eine Lösung gefunden wird. Im theoretischen Teil aber, wird vorerst von einem Prozess mit befriedigendem Lösungsergebnis ausgegangen.*

das Wissen, mit dem eine Problemlöserin arbeitet unvollständig, unscharf oder lücken- und fehlerhaft. „Für solche Situationen, in denen die Wissensstruktur sich als unzulänglich erweist, verfügen Menschen über mentale Operationen, die zu Denkabläufen verknüpft, das vorhandene unvollständige Wissen verwenden, um Lösungswege aufzufinden."[14] So beschreibt auch Dörner, dass wenn die epistemische Struktur (von griechisch episteme = Wissen) versagt, die mentalen Operationen der Problemlösestruktur in Aktion treten[15]. Um diese näher zu verstehen, ist es sinnvoll, sich auch auf psychologischer Ebene mit den Denkprozessen und kognitiven Strukturen beim Problemlösen zu befassen.

Die epistemische Struktur umfasst eine Art Bild über den entsprechenden Realitätsbereich, in welchem sich das Problem bewegt. Sie bietet die Grundlage für ein Konstruktionsverfahren, mit welchem gearbeitet werden kann. Man spricht in diesem Zusammenhang auch von *heuristischen Strukturen* (sog. Findungsverfahren)[16]. Sowohl die epistemische Struktur, als auch die heuristische Verfahrensbibliothek sind Gedächtnisstrukturen. Sie beeinflussen das Gelingen eines Problemlöseprozesses und hängen stark vom Individuum ab. Hierbei ist entscheidend, dass heuristische Strategien erst dann aktiviert werden müssen, wenn die Kapazität der epistemischen Struktur für das Bewältigen einer Schwierigkeit nicht ausreicht, wenn also aus einer Aufgabe ein Problem geworden ist.

Wenn wir von der epistemischen Struktur eines Individuums sprechen, dann beinhaltet das eine Art Datenbasis zu einem bestimmten Themenbereich, beispielsweise die Kenntnisse einer Krankenschwester zur Blutstillung. Diese setzt sich zusammen aus Informationen, die entweder im sensorischen Speicher, im Kurzzeitgedächtnis, oder im Langzeitgedächtnis gelagert sind[17]. Diese Informationen werden durchaus strukturiert dort abgelegt und sind durch verschiedene Knotenpunkte miteinander verknüpft und bilden ein sogenanntes *semantisches Netzwerk*[18]. Es ist also möglich, dass sich eine Person, bewusst an solchen Knotenpunkten orientieren kann, um eine bestimmte Information, die nicht in erster Ebene präsent ist, abzurufen. Man kennt das z.B. von sogenannten Eselsbrücken.

---

[14] Kluwe, 1979, S. 62
[15] Vgl. Dörner, 1976, S. 26 - 28
[16] Dörner, 1976, S. 27
[17] *Der sensorische Speicher enthält keine bewussten Informationen, sondern ist lediglich ein Abbild einer Reizsituation, das Kurzzeitgedächtnis kann über einen strittigen Zeitraum von einigen Minuten bis zu sieben Einheiten speichern, das Langzeitgedächtnis hingegen unbegrenzte Informationen, allerdings mit sehr geringer Einspeicherungsgeschwindigkeit.* (vgl. Dörner, 1976, S. 28 + 29)
[18] Dörner, 1976, S. 29

Das Gedächtnis verknüpft etwa den Namen einer Person mit einem Gegenstand, bezüglich dessen es über gewisse Hintergrundinformationen verfügt. An diesem Knotenpunkt sind nun Person und Gegenstand dauerhaft miteinander verbunden und wenn das Gedächtnis versucht, sich an den Namen der Person zu erinnern, kann es den angrenzenden Pfad benutzen, um die Information zu finden. Dies kann sowohl bewusst, unbewusst oder auch unterbewusst geschehen. Diese Vorgehensweise funktioniert sowohl im Kurzzeit- als auch im Langzeitgedächtnis, jedoch ist die Zahl dieser verwendbaren Knoten beim Kurzzeitgedächtnis aufgrund seiner Kapazitätsbeschränkung auf durchschnittlich sieben begrenzt.

Eine Beispielsituation, an welcher man diese Knotenpunkte gut zeigen kann, ist der folgende Vorfall. Ein Mann erzählt seinem Freund vom gestrigen Abend, an dem Bexter in der Kneipe „Bei Achim" Fred gebissen hat, welcher kurz zuvor Wilma angeschrien hatte, die an diesem Abend das erste Mal auf Katrin gestoßen ist. Für jemanden ohne Hintergrundwissen, ist es durchaus ein Problem, diese Geschichte zu verstehen und zu interpretieren. Der Freund allerdings hat zu diesem Realitätsbereich eine epistemische Struktur, ein Bild, bestehend aus Einzelinformationen und ihren Verknüpfungen. Die folgende Abbildung 3 ist eine reduzierte Darstellungsform, des Netzes an relevanten Daten.

Zu sehen sind alle involvierten Handelnden, sowie Informationen, welche der Freund über sie hat, Handlungen, sowie Orte und Gegenstände. Die Abkürzungen an den Pfaden beschreibt das Wissen über die Beziehung zwischen zwei Agenten.

(ie): ist ein

(bes): besitzt

(ag): Agent

(h): hat

(rec): Recipient

(t): trinkt

(l): liebt

(loc): ist Lokalität von

So bedeutet zum Beispiel die Verknüpfungspfeile um Wilma herum, dass sie erstens eine Person ist, zweitens Ralf liebt, drittens auf Katrin trifft und viertens von Fred angeschrien wird.

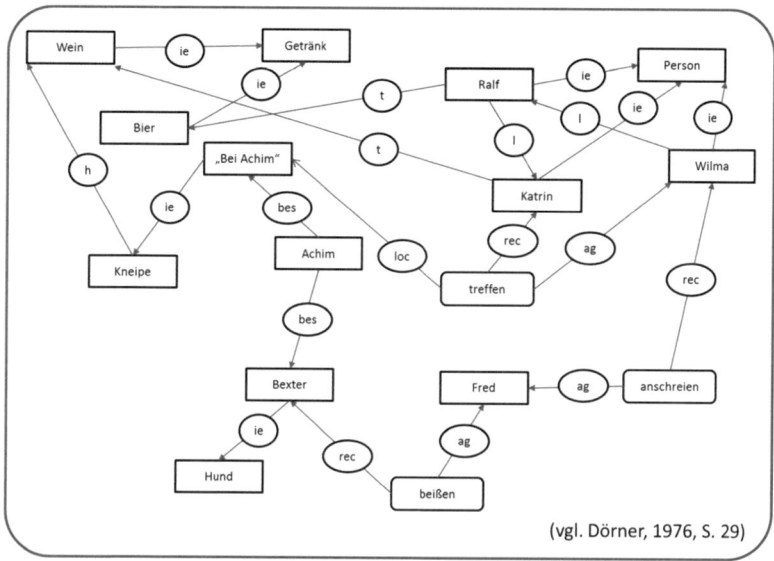

Abb. 3: Informationsnetz „Kneipe"

Wir sehen, anhand der Datenbasis, die der Freund zu dieser Situation abrufen kann, wird die das Problem der Frage „Warum hat Bexter Fred gebissen?" schon durchaus einfacher. Solch ein Netz findet sich meist im Langzeitgedächtnis, kann aber auch z.B. in Prüfungssituationen, im Kurzzeitgedächtnis abgespeichert werden.

Denken wir nun einmal zurück an unsere Krankenschwester. Wird sie mit einer Situation konfrontiert, in der sie das Wissen über Blutstillung parat haben muss, so wird sie wahrscheinlich einige Informationen ganz unbewusst sofort finden, während sie vielleicht andere Informationen erst bewusst suchen muss. Sie hat dafür ein bestimmtes Bild, eine Datenbasis, im Kopf, innerhalb derer sie ihre Suche einschränken wird. Etwaige Lücken, die z.B. durch einen zeitlichen Abstand zum letzten Abruf entstanden sind, wird sie auffüllen können, indem sie sich an fachlichen Knotenpunkten orientiert, etwa ihr Fachwissen über die Blutgerinnung. Sollte dies nicht der Fall sein, so reicht ihr epistemisches System nicht aus, um die Situation zu meistern und sie steht vor einem Problem.

An dieser Stelle wollen wir uns näher damit beschäftigen, welche Möglichkeiten eine Person hat, um nun zu einer Lösung zu gelangen, denn Problemlösen beinhaltet nur die Verwendung einer Datenbasis und Informationsknotenpunkten. „Die andere Instanz ist die des ´eigentlichen Denkens´. Sie arbeitet über der ersten und hat die Aufgabe, das in der

Datenbasis befindliche Wissen zum Lösen von Problemen geeignet zu verwerten, insbesondere elementare Operationen zu Lösungsprogrammen zusammenzufügen."[19] Es soll also nun um die schon angesprochenen heuristischen Strukturen gehen, derer eine Problemlöserin sich bedienen kann, um ihr Wissensdefizit zu überbrücken.

„Eine *Heuristik* ist eine allgemeine Suchstrategie, die zu einer richtigen Antwort führen kann. Viele der realen Lebensprobleme (Karriere, Beziehungen etc.) sind nicht klar definiert und geradlinig zu lösen, sie haben auch keinen Algorithmus. Die Entdeckung oder die Entwicklung effektiver Heuristiken ist wichtig."[20]

Es handelt sich also um ein Vorgehen, um mit begrenztem Wissen (und/oder wenig Zeit) zu akzeptablen Lösungen zu kommen. Sie bezeichnet ein analytisches Vorgehen, bei dem mit begrenztem Wissen über ein System (Realitätsfeld) mit Hilfe von Mutmaßungen/Schlussfolgerungen über das System getroffen werden. Es wird also ein Verfahren zur Lösungsfindung in einer Problemsituation produziert, gewissermaßen ein gedankliches Programm für kognitive Vorgänge. Jedes Individuum verfügt über einen bestimmten Kanon von verschiedenen Heuristiken, die durch unterschiedliche Reize hervorgerufen werden und kombiniert werden können. So ein kognitiver Vorgang besteht seinerseits aus einer „Abfolge von unterscheidbaren geistigen Operationen. Solche Teilprozesse sind z.B. Veränderungsprozesse, die aus der gegebene Information neue Informationen oder Hypothesen produzieren, Prüfprozesse [und] eine Zielexplikation."[21] Des Weiteren sind diese Teilprozesse nicht willkürlich aneinander gereiht und die Organisation des gesamten Problemlöseprozesses erfolgt mehrschichtig[22].

SCHOLZ teilt ihn in drei prägnante Phasen:

1. Problem erkennen
2. Lösungsentwicklung
3. Lösungsprüfung[23]

BRANDER/KOMPA/PELTZER unterteilen die Phasen noch weiter in die Problemwahrnehmung und Problemformulierung, die Produktion von Ideen, die Prüfung und Bewertung der Alternativen, der Entschluss als Auswahl einer Alternative, die Durchführung der ausge-

---

[19] Heinrich, 2004, S.29
[20] Woolfolk, 2008, S. 365
[21] Dörner, 1976, S. 38/39
[22] Vgl. Heinrich, 2004, S. 22
[23] Scholz (1979, zitiert von MESSNER 1987, S. 192)

wählten Handlung sowie das Erleben und Beobachten der Konsequenzen (der Handlungsausführung)[24].

Diese Phasen folgen allerdings nicht linear aufeinander, sondern wiederholen sich in einem zyklischen Muster, welches genau dann beendet wird, wenn eine Lösung entsteht.

Diese „Abarbeitung" von aufeinanderfolgenden Schritten kann man durchaus bewusst steuern. Je nach Problemsituation ist allerdings eine andere Auskleidung dieser Schritte notwendig. Sie kann als Basis für alle bekannten *Heuristikstrategien* betrachtet werden. Die simpelste Form einer solchen Strategie macht nach DÖRNER das Versuchs-Irrtum-Verhalten aus. Es ist noch relativ unsystematisch. Es gibt aber noch eine Reihe durchaus systematischer Strategien, die, sofern die Problemlöserin Kenntnis von ihnen hat, auch sehr bewusst und zielgerichtet zum Lösen eines Problems eingesetzt werden können.

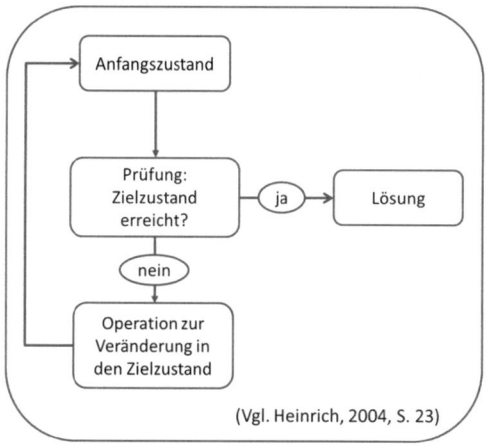

Abb. 4: Test - Operate - Test - Exit

Einige wichtige heuristische Prinzipien für das allgemeine Problemlösen werde ich im Folgenden näher erläutern.

---

[24] Brander/Kompa/Peltzer, 1985, S. 164

Die Versuchs-Irrtum-Strategie:

Die Problemlöserin, wählt zur Bearbeitung des Problems eher unsystematische Lösungsmöglichkeiten und testet sie auf ihre Eignung. Allerdings werden hierbei zunächst nicht unbedingt Rückschlüsse auf die Beschaffenheit der zweiten Lösungsmöglichkeit geschlossen.

Das Ausschlussprinzip:

Die Problemlöserin kann durch gezielte Überlegungen, den Bereich aus dem die Lösung stammen könnte, insofern eingrenzen, indem sie falsche Lösungen ausschließt. Sie vermindert somit die Zahl von potentiellen Lösungsmöglichkeiten von vornherein.

Die Mittel-Ziel-Analyse:

Die Problemlöserin sucht zunächst Zwischenziele, die es zu erreichen gilt, um sie dann als Operationsmittel für den eigentlichen Problemlöseprozess zu verwenden.

Das Vereinfachen:

Die Problemlöserin blendet überflüssige Informationen aus der Problemsituation aus und reduziert den Sachverhalt auf relevante Inhalte. Sie verringert so den Aufwand ihrer Denkleistung für eigentlich unnötige Teilbereiche.

Das Analogieprinzip:

Die Problemlöserin nutzt ihr Wissen nicht nur in dem bestimmten Themenbereich, sondern auch dahingehend, als dass sie Gemeinsamkeiten mit bisher schon gelösten Problemen sucht, und analoge Lösungsmöglichkeiten in Betracht zieht.[25]

Das Veranschaulichen:

Eine Problemsituation wird schematisch oder skizzenhaft festgehalten, um sich einen Überblick über alle relevanten Sachverhalte zu machen.

Das Vorwärtsarbeiten[26]:

Bei Interpolationsproblemen, wo also Anfangs- und Zielzustand bekannt sind, ist die meist verwendete „Richtung" eines Problemlöseprozesses die des Vorwärtsarbeitens. Das be-

---

[25] Vgl. Rott, 2013, S. 76/77 und Kluwe, 1979, S. 65 - 70
[26] *Dem Vorwärts- und Rückwärtsarbeiten kommt insofern eine Besonderheit zu, als dass sie lediglich die Richtung des Problemlösevorgangs festlegen. Alle weiteren Strategien lassen sich natürlich mit diesen Richtungen kombinieren.* (vgl. Rott, 2013, S. 79)

deutet, dass die Problemlöserin ausgehend von dem Ausgangszustand Operationen und Mittel heranzieht, um den Zielzustand zu erreichen.

Das Rückwärtsarbeiten[23]:

Andersherum ist es beim Rückwärtsarbeiten. Die Problemlöserin versucht ausgehend von dem gewünschten Zielzustand zu ermitteln, welche Schritte notwendig sind, um den Ausganszustand in ihn zu überführen.

All diese heuristischen Strategien bieten eine Möglichkeit, sich einer Problemlösung zu nähern. Dabei sind sie natürlich nicht streng getrennt voneinander einzusetzen, sondern je nach Problemlage kombinier- und ergänzbar.

Das Verknüpfen verschiedener Strategien innerhalb eines Lösungsprozesses lässt sich wie in Abb. 5 darstellen. Das sogenannte „Heuristische Rattenlabyrinth" verdeutlicht, dass eingeschlagene Wege nicht immer zum Ziel führen, sondern an einem vorherigen „Zweig" neu angesetzt werden muss/kann, um zur Lösung zu gelangen.

Wir haben also in diesem Kapitel nun kennengelernt, was ein Problem überhaupt ist, wie es sich von dem Begriff Aufgabe unterscheidet, welche verschiedenen Problemtypen es gibt und wie ein Problemlöseprozess beschaffen ist, bzw. sein kann. Dabei haben wir uns auf einer allgemeinen Ebene bewegt, also der Beschaffenheit der Probleme noch keine thematischen Rahmen gegeben und uns stark mit den Denkpsychologischen Vorgängen beim Problemlösen auseinandergesetzt. Schließlich haben wir auch einige mögliche heuristische Problemlösestrategien kennengelernt.

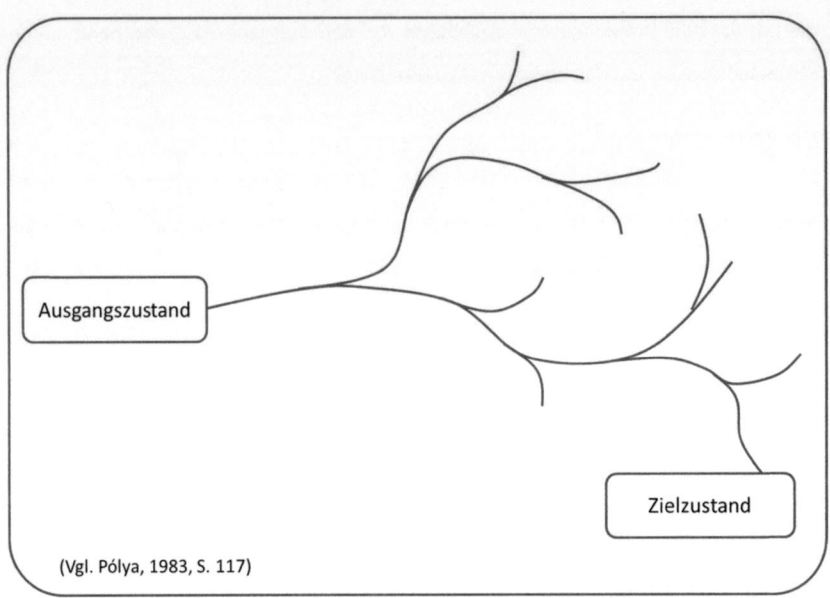

Abb. 5: Heuristisches Rattenlabyrinth

Im nun folgenden Kapitel wollen wir das Problemlösen unter dem speziellen Rahmen der Mathematik betrachten und bisher gewonnene Einsichten auf ihn übertragen.

2.1.2 Mathematisches Problemlösen

> „Die Alltagsrelevanz ist ein Grund, aus dem das Thema Problemlösen ein wichtiger Forschungsgegenstand der Psychologie ist. Aber nicht nur in dieser wissenschaftlichen Disziplin, sondern auch in anderen Gebieten, wie der Philosophie, Informatik oder Soziologie, spielt das Problemlösen eine wichtige Rolle; insbesondere in der Mathematik und ihrer Didaktik."[27]

So wollen wir in diesem Kapitel die vorangegangenen Merkmale einer Problems, eines Problemlöseprozesses und auch der heuristischen Strukturen auf den mathematischen Kontext übertragen.

„Nicht wenige und vor allem auch prominente Mathematiker bzw. mathematisch tätige Personen vertreten die Meinung, dass der Umgang mit Problemen einen wesentlichen Aspekt von Mathematik (betreiben) überhaupt ausmacht und nicht selten zur Entstehung mathematischen Wissens führt."[28] Nun müssen wir uns aber zunächst fragen, ab wann

---

[27] Rott, 2013, S. 5
[28] Heinrich, 2004, S. 38

ein Problem denn überhaupt dem mathematischen Bereich zufällt. Mathematik beinhaltet ja durchaus mehr, als das bloße Agieren mit Zahlen oder Variablen. Die Definition darüber, was Mathematik eigentlich ist, ist aber nicht eindeutig. Sucht man in der Literatur, so findet man z.B. im Duden den Eintrag:

„Ma|the|ma|tik *die*; - <gr.-lat.>: Wissenschaft von den Raum- und Zahlengrößen"[29]

Diese Definition mag vielleicht für jemanden, der eine grobe Vorstellung von Mathematik hat, zutreffend klingen, umfasst aber lange nicht alle Aspekte. Sucht man in der Fachliteratur, so finden sich höchstens lange Listen von Merkmalen, letztendlich bleibt sie aber eine recht unscharf abgegrenzte Disziplin. Das liegt aber auch nur in ihrer Natur, im wahrsten Sinne des Wortes, denn Mathematik kann hinter fast allen Zusammenhängen, ja sogar der Natur selbst, stehen. Ein scheinbar alltägliches Problem, wie die Frage nach dem Populationszuwachs von Hasen, hat schließlich im 13. Jahrhundert zu der Entdeckung der Fibonaccizahlen geführt. Aber: „Mathematics is not simply the famous problems that great mathematicians have worked on; all mathematics is created in the process of formulating and solving problems."[30] Die Mathematik beinhaltet also nicht bloß viele Probleme, sie entstand auch aus ihnen.

Die Charakterisierung eines Problems ist in der Mathematikdidaktik ziemlich ähnlich gehalten, wie in der Psychologie. Es wird teilweise auch ebenso argumentiert und von einem Problem gesprochen, wenn eine Aufgabe dem Bearbeiter beim Lösen eine Barriere entgegenstellt. Ob eine Aufgabe ein Problem darstellt, hängt von den Erfahrungen, Kenntnissen und Fähigkeiten der Problemlöserin ab.[31] Stärker bezogen auf die Mathematik ist die Abgrenzung zum Aufgabenbegriff ebenso relevant, ein Problem besteht also erst dann, wenn seine Lösung nicht routinemäßig zu finden ist, also eine Nichtroutineaufgabe.

Gerade in der Geschichte der Mathematik sind es meist solche Probleme, die einen wissenschaftlichen Fortschritt, auch für die Mathematik selbst, bedeuten. „Die Geschichte der Mathematik ist reich an Problemen, deren Lösungsprozesse sich über Jahrhunderte erstreckten. Denken wir an die Quadratur des Kreises. Dieses, von den Griechen etwa um

---

[29] Duden, Fremdwörterbuch, S. 640
[30] Kilpatrick, 1985, S. 3
[31] Rott, 2013, S. 24

430 v. Chr. aufgeworfene Problem bestand darin, mit Zirkel und Lineal aus einem Kreis ein Quadrat mit gleich großer Fläche zu konstruieren. Spätestens seit 1801 waren die Fachleute überzeugt, dass es unmöglich ist, die Konstruktion durchzuführen. Den Nachweis erbrachte LINDEMANN (1852 – 1939) hingegen erst 1882 mit dem Beweis der Transzendenz von π."[32]

Diese Tatsache unterstreicht auch die Relevanz, die das Problemlösen in der Mathematik erlangt, denn auch heute gibt es durchaus noch mathematische Problemsituationen, die ungelöst sind, bzw. deren Problemlöseprozess noch aktiv ist[33].

Mathematische Problemaufgaben[34], bzw. mathematische Probleme lassen sich ebenso typisieren, wie psychologische, jedoch bewegen wir uns hier auf einer deutlich praxisorientierteren Ebene. Es geht also darum, welche Typen Problemaufgaben einem Mathematikbetreibenden begegnen können und wie sie sich unterscheiden.

Eine Unterscheidungsmöglichkeit ist die Einteilung nach Themengebieten, bzw. nach Operationsbereichen. PÒLYA unterscheidet hier zwischen Bestimmungsaufgaben und Entscheidungsaufgaben, KRATZ sondert des Weiteren auch die Entdeckungsaufgaben ab.

Bestimmungsaufgaben

- Berechnen von Zahlen und Größen
- Konstruieren von Größen und Figuren
- Bestimmen verschiedener Fälle, die bei der Aufgabenlösung zu unterscheiden sind
- Beschreiben von Lösungsschritten, etwa bei einer geometrischen Konstruktion

---

[32] Heinrich, 2004, S. 39
[33] *Als Beispiel hierfür sei die Bestimmung aller Nachkommastellen der Kreiszahl Pi genannt, deren Anzahl zwar schon bei ca. 5 Billionen liegt, deren Vervollständigung aber immer noch offen ist. Im Besonderen befindet sich der Problemlöseprozess hier sogar noch in der Phase, einen geeigneten Algorithmus zu finden, also eine geeignete Operation, um den Ausgangszustand in einen Zielzustand zu überführen, welcher bei diesem Problem aber ebenfalls offen ist.*
[34] *Dieser Begriff ist unserer eigentlichen Definition nach paradox. Er wird innerhalb der Mathematikdidaktik jedoch gelegentlich gebraucht. Unter Problemaufgabe ist in diesem Zusammenhang der Begriff 'Aufgabe' lediglich als Aufforderung zur Bearbeitung eines Sachverhalts zu verstehen. Eine Problemaufgabe stellt hierbei den Spezialfall einer Problemsituation dar.*

Entscheidungsaufgaben

- Beweisen einer Behauptung
- Überprüfen der Lösung einer Bestimmungsaufgabe auf Richtigkeit und Vollständigkeit
- Überprüfen der Lückenlosigkeit von Beweisen

Entdeckungsaufgaben

- Aufstellen von Vermutungen noch unbekannter Gesetzmäßigkeiten
- Entdecken neuer Interpretationsmöglichkeiten eines vorgegebenen Sachverhalts
- Auffinden neuer Problemstellungen in einem bestimmten mathematischen Sachbereich

(vgl. Heinrich, 2004, S. 42/43)

Es gibt natürlich noch weiter Möglichkeiten, zwischen den verschiedenen mathematischen Problemsituationen zu unterscheiden, beispielsweise die Themengebiete zu verfeinern und zwischen algebraischen, geometrischen, stochastischen etc. Problemaufgaben zu differenzieren. Auch die Unterteilung in innermathematische und anwendungsbezogene Probleme ist denkbar.

Widmen wir uns nun dem Vorgang des Problemlöseprozesses im mathematischen Kontext.

„Die neuzeitliche Beschäftigung mit dem Prozess des Problemlösens aus Sicht der Mathematik beginnt am Anfang des 20. Jahrhunderts mit den introspektiven Berichten HENRI PIONCARÉ. Diese Überlegungen wurden von mehreren Mathematikern, aber auch Psychologen und Mathematikdidaktikern aufgegriffen. Trotz ihres teilweise hohen Alters sind viele dieser Überlegungen immer noch relevant oder bilden die Grundlage für neuere Theorien und werden auch in der aktuellen Forschungsliteratur noch häufig zitiert."[35]

PIONCARÉ (1914) beschäftigte sich vornehmlich mit der Frage, warum es Menschen gibt, die mathematische Zusammenhänge problemlos verstehen, und solche, für die selbst „einfache" Sachverhalte eine Problemsituation darstellen. Für ihn war maßgeblich, dass der mathematische Problemlöseprozess zum einen in einer bewussten Phase abspielt, in

---

[35] Rott, 2013, S. 47

der sich die Problemlöserin mit dem Problem vertraut mache, und zum anderen in einer unbewussten Phase, in der das Unterbewusstsein die verschiedenen Kombinationen von Lösungsmöglichkeiten durchspiele. So kämen nach PIONCARÉS (1914) beispielsweise plötzliche Aha-Erlebnisse zustande, bei denen sich Lösungen offenbaren, während man sich aktiv nicht (mehr) mit dem Lösungsvorgang auseinandersetzt.[36] Dies ist mit Sicherheit bei einigen Menschen der Fall, jedoch würde ich persönlich dies eher als eine Kompetenz verorten, die man durchaus auch bewusst erlernen und steuern kann (näheres dazu später in diesem Kapitel).

GEORGE PÓLYA, ein sehr bekannter Mathematiker und Mathematikdidaktiker, der die Geschichte des mathematischen Problemlösens maßgeblich geprägt hat und als einer ihrer Urväter gilt[37], unterteilt in seinem populären Werk „Schule des Denkens" (1949) den Problembearbeitungsprozess (aufgrund eigener Erfahrungen) in vier Phasen:

1. *Verstehen der Aufgabe[38]:* Die klare Erfassung und Herausarbeitung der einzelnen Forderungen
2. *Ausdenken eines Plans:* Den Entwurf eines Gedankenganges in seinen Grundzügen
3. *Ausführung eines Plans:* Die tatsächliche Durchführung desselben in allen seinen Einzelheiten
4. *Rückschau:* Reflexion und Überprüfung des Prozesses und der Methode[39]

(siehe hierzu Abb. 6)

Diese Phasen möchte ich im Folgenden näher erläutern.

In der ersten Phase *Verstehen der Aufgabe* soll die Problemlöserin zunächst die Aufgabenstellung verinnerlichen, hierzu gehören unter anderem das Wiederholen der Aufgabenstellung in eigenen Worten, sowie das Herausstellen des Gegebenen und des Gesuchten. Auch Verbildlichungen des Sachverhalts sind dieser Phase zuzuordnen.

Die zweite Phase das *Ausdenken eines Plans* beinhaltet nun die wichtigste Leistung der Problemlöserin und im Problemlöseprozess wohl auch die schwierigste. Hier stellt sie Überlegungen an, welche Wege oder Betrachtungsweisen am geeignetsten sind, um eine

---

[36] Vgl. Pioncaré, 1914, S. 36 ff
[37] Bruder/Collet, 2011, S. 18
[38] *Pólya meint hier mit dem Begriff Aufgabe nicht eine Aufgabe in dem Sinne, in dem wir sie definiert haben, sondern im Sinne einer Problemaufgabe.*
[39] Vgl. Heinrich, 2004, S. 45

Lösung zu produzieren. So kann sie sich beispielsweise verschiedener mathematischer Heurismen bedienen und die Brauchbarkeit gegeneinander abwägen.

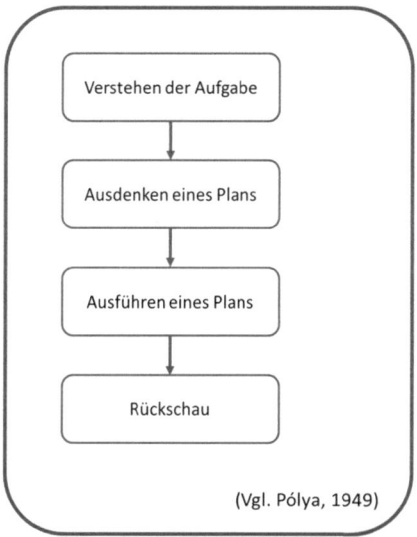

Abb. 6: Phasenmodell nach Póyla

Hat sie sich für einen Plan entschieden, erfolgt in der dritten Phase *Ausführung eines Plans* nun die konkrete (rechnerische) Umsetzung. Hierbei stellt sich möglicherweise auch heraus, dass der angedachte Plan in seiner Umsetzung nicht zum gewünschten Ergebnis führt, die Problemlöserin kontrolliert also schon in Ansätzen das Produkt der zweiten Phase.

In der vierten und letzten Phase *Rückschau* reflektiert die Problemlöserin nach gefundener Lösung nun den gesamten Problemlöseprozess hinsichtlich seiner Plausibilität, seiner Korrektheit, aber auch seiner Verwendbarkeit für spätere Problemsituationen.[40]

Dieses Vier-Phasen-Modell legt nun die Vermutung nahe, ein Problemlöseprozess verliefe stets in einer klar linearen Reihenfolge. Jedoch orientiert sich die Problemlöserin spätestens in der Rückschau erneut an der Problemstellung des Anfangs, reflektiert also erneut, ob die gefundene Lösung auch die von der Aufgabenstellung gewünschte ist. Statt streng

---

[40] Vgl. Rott, 2013, S. 49/50

linear verläuft also ein Problemlöseprozess eher zyklisch, was keinesfalls einen Verwurf der Pólya'schen Einteilung darstellt, sondern eher eine Erweiterung[41].

Wie man sieht kann nach diesem Modell ein Problemlöseprozess erstens sowohl in die eine, als auch in die andere Richtung verlaufen und zweitens kann die Rückschau sowohl auf das Problem selbst bezogen werden, als auch auf die erst Phase, also die Art und Weise der Rezeption des Problems. Es ist ferner so, dass auch die Phasen nicht eindeutig in der gegebenen Reihenfolge auftreten müssen.

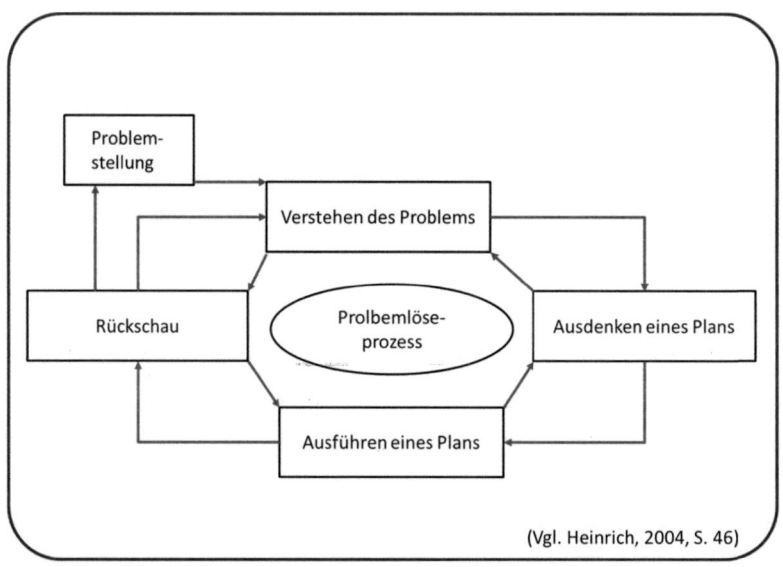

Abb. 7: zyklische Struktur von Problemlöseaktivitäten

Einige Hinweise darauf, dass auch PÓLYA selbst dies schon erkannt hat, finden sich auch implizit in seinen Texten:

> „Wenn wir versuchen, die Lösung einer Aufgabe zu finden, werden wir den Standpunkt, von dem aus wir unsere Aufgabe betrachten, wiederholt ändern müssen.
> Wir müssen immer wieder eine andere Position einnehmen. Bei Beginn der Arbeit haben wir von der Aufgabe wahrscheinlich eine ziemlich unvollständige Vorstellung; unsere Auffassung ändert sich schon, wenn wir einige Fortschritte gemacht haben; und sie ist wieder anders, wenn wir die Lösung beinahe gefunden haben."[42]

---

[41] Vgl. Heinrich, 2004, S. 46
[42] Pólya, 1949, S. 18 f

Im späteren Verlauf der Arbeit werden wir dieses Phänomen noch näher betrachten und auch versuchen, die Komplexität und Mehrschichtigkeit des mathematischen Problemlöseprozesses zu skizzieren.

Als letzten Teil dieses Kapitels möchte ich nun noch einige prominente mathematische heuristische Verfahren und Strategien vorstellen, da sie ja durchaus den Pool bilden, aus dem eine Problemlöserin den essentiellen Teil des Problemlöseprozesses (das Ausdenken eines Plans) gewinnen kann.

Wie schon im vorigen Kapitel festgestellt, versteht man unter *Heurismus* eine bestimmte kognitive Vorgehensweise oder Suchstrategie, die zu einer gewünschten Lösung führen kann.[43] Gerade die Kenntnis von heuristischen Verfahren kann für eine Problemlöserin sehr wichtig für den Problemlöseprozess sein, da sie, wie ich schon erwähnt habe, die kritische Phase (*Aufstellen eines Plans*) unterstützen können. Da ich auch im praktischen Teil auf die Verwendung von Heurismen zu sprechen kommen werde, folgen hier nun einige heuristische Vorgehensweisen.

Skizze / informative Figur

Dieser Heurismus beinhaltet die Visualisierung einer Problemsituation. Dies kann zu der Zeichnung von geometrischen Figuren (oder Ergänzungen inner- sowie außerhalb) führen, aber auch von schematischen Darstellungen und Diagrammen. Diese Visualisierung ist besonders für die Orientierung innerhalb einer Problemsituation von Bedeutung.

Tabelle

Eine Tabelle eignet sich besonders gut dafür, gegebene oder gefundene Werte oder Zwischenlösungen geordnet abzulegen und zu systematisieren.

Gleichungen

Je nach Problemsituation kann es helfen, den Sachverhalt algebraisch dazustellen und auch auf algebraischer Ebene zu lösen (bzw. zu beweisen) und das Ergebnis wieder auf die Ausgangssituation zu beziehen.

---

[43] Vgl. Woolfolk, 2008, S. 365

Wissensspeicher

Damit sind Formelsammlungen, Tafelwerken o.Ä. gemeint, mithilfe derer die Problemlöserin akute Wissenslücken füllen kann.

Lösungsgraph

Ein Lösungsgraph ist ähnlich der Skizze eine Verbildlichung der Problemsituation, jedoch hier im spezielleren Fall. Er sollte nicht nur skizzenhaft, sondern gewissenhaft angefertigt werden, um aus ihm Rückschlüsse (bzw. erste Ideen für Rückschlüsse) gewinnen zu können.

Analogieprinzip

Das Analogieprinzip beschreibt das Vergleichen der Problemsituation mit bekannten ähnlichen Problemen, deren Lösungswege eventuell auch auf das aktuelle übertragbar sind.

Rückführungsprinzip

Das Rückführungsprinzip ähnelt dem Analogieprinzip, jedoch wird hier nach Problemen gesucht die sozusagen als Vorläuferproblem für das eigentliche dienen (ein Beispiel hierfür ist das Rückführen zum Vorgang der Addition gleichnamiger Brüche, bei dem Problem ein Verfahren für die Addition ungleichnamiger Brüche zu gewinnen).

Invarianzprinzip

Beim Invarianzprinzip betrachtet die Problemlöserin Unveränderlichkeiten der gegebenen Problemsituation (oder einzelner Bestandteile).

Zerlegungsprinzip

Dieses Prinzip beinhaltet die Aufteilung des Problems in mehrere Teilprobleme, deren Lösung im Einzelnen einfacher zu finden ist und sich im Anschluss zu einer Gesamtlösung zusammenfügen lassen.

Verallgemeinern

Das Verallgemeinern bedeutet, dass ausgehend vom ursprünglichen Problem zu einer neuen Problemstellung gefunden wird, von welcher das Ausgangsproblem als Spezialisierung gesehen werden kann.

Spezialisieren

Genau umgekehrt zum Verallgemeinern wird hier zunächst eine Problemstellung entwickelt, die einen Spezialfall des ursprünglichen Problems darstellt. Ausgehend von diesem Spezialfall (oder mehrerer Spezialfälle) kann die Problemlöserin nun Vermutungen für den allgemeinen Fall entwickeln.

Systematisches Probieren

Das Systematische Probieren bedeutet das planvolle Testen von einzelnen Elementen im Problemzusammenhang, um entweder eine Idee des Sachverhaltes zu entwickeln, oder sich bereits einer Lösung zu nähern.

Vorwärtsarbeiten

Das Vorwärtsarbeiten gibt eine Suchrichtung vor. In diesem Falle geht die Problemlöserin ausgehend vom Ausgangszustand vor und versucht zum Zielzustand zu gelangen.

Rückwärtsarbeiten

Entgegengesetzt zum Vorwärtsarbeiten betrachtet die Problemlöserin hier den Zielzustand und versucht die jeweils vorherigen Schritte zu konstruieren, bis sie den Ausgangszustand erreicht hat.[44]

Modellieren

Modellieren bedeutet, dass eine Problemsituation (in diesem Fall vornehmlich außermathematisch) auf eine mathematische Ebene transferiert wird (z.B. geometrische oder algebraisch) und innerhalb dieses Bereichs an einer Lösung gearbeitet wird, die im Anschluss wieder auf die Realsituation transferiert wird.

In dem Vier-Phasen-Modell nach PÓLYA (1949) ist die Verwendung solche Heurismen, wie schon erwähnt, vornehmlich den ersten beiden Phasen *Verstehen des Problems* und *Ausdenken eines Plans* zuzuordnen. „Schritt 3 [*Ausführen eins Plans*] ist frei von heuristischen Elementen; alles was hier verlangt wird, ist im Prinzip von jedem Schüler erlernbar. Im Schritt 1 [Suchen nach einem Lösungsplan] spielen heuristische Vorgehensweisen die

---

[44] *Vorwärts- und Rückwärtsarbeiten kann selbstverständlich auch kombiniert werden, sodass von beiden Seiten an eine Lösung herangearbeitet wird.*

dominierende Rolle, aber auch die Schritte 1 [Erfassen der Aufgabe] und 4 [Kontrolle und Auswertung] sind nicht frei von heuristischen Elementen."[45]

Zusammenfassend lässt sich also sagen, dass Kenntnis über und die Verwendung von Heurismen eine zentrale Ursache für das Gelingen eines Problemlöseprozesses sein können.

Wir haben uns in diesem Kapitel nun ausgiebig mit dem Wesen des Problemlösens beschäftigt, sowohl aus psychologischer als auch aus mathematischer Sicht. Wir haben festgestellt, dass beim Problemlösen verschiedene kognitive Denkprozesse in Gang gesetzt werden, die man grob untergliedern kann in vier Phasen (Verstehen des Problems, Ausdenken eines Plans, Ausführen eines Plans und Rückblicken), welche allerdings nicht linear, sondern zyklisch verlaufen. Des Weiteren haben wir verschiedene Heurismen kennengelernt, die zur Bewältigung eines Problems hilfreich sein können.

Im folgenden Kapitel wollen wir nun das Problemlösen aus mathematikdidaktischer Sicht weiter beleuchten und ergründen, warum gerade das Problemlösen eine wichtige Kompetenz im Mathematikunterricht darstellt und welche Ansätze in der mathematikdidaktischen Forschung dazu bisher angestellt wurden.

2.2 Problemlösen im mathematikdidaktischen Kontext

„Wenn man nach den Gründen fragt, die einen Mathematikunterricht als allgemeinbildend qualifizieren und damit auch *für alle* legitimieren, dann wird Problemlösen zu einem Eckpfeiler in der Argumentation."[46]

Problemlösen ist nämlich sowohl allgegenwärtig und unabdingbar als auch im schulischen Kontext fächerübergreifend und persönlichkeitsbildend. Vier von mehreren wichtigen Gründen, sich gerade im Bezugsrahmen Bildung ausführlich mit ihm auseinanderzusetzen. Auch HEINRICH merkt an: „Da das Lösen von Problemen sowohl im Alltagsleben als auch in der Wissenschaft eine große Rolle spielt, muss die Fähigkeit des Individuums zum Lösen von Problemen auch ein Bildungs- und Erziehungsziel eines jeden Unterrichts darstellen."[47] Und wo ließe sich das Problemlösen wohl prozessbezogener integrieren als in den Mathematikunterricht?

---

[45] Rott, 2013, S. 79
[46] Bruder/Collet, 2011, S. 20
[47] Heinrich, 2004, S.49

2.2.1 Problemlösekompetenz

Das NCTM (National Council of Teachers of Mathematics) formuliert als internationales Gremium für Mathematik-Unterricht in seinen „Process Standards" eine Vorderung nach der Integration des Problemlösens in den MU.

> „Instructional programs from prekindergarten through grade 12 should enable all students to -
> - build new mathematical knowledge through problem solving
> - solve problems that arise in mathematics and in other contexts
> - apply and adapt a variety of appropriate strategies to solve problems
> - monitor and reflect on the process of mathematical problem solving"[48]

Auch in den bundesweiten Bildungsstandards und speziell im Kerncurriculum Niedersachsen für das Fach Mathematik wird das Problemlösen als eine der zentralen Kernkompetenzen erwähnt.

> „Mathematik verbirgt sich in vielen Phänomenen der uns umgebenden Welt. Schülerinnen und Schüler werden für den mathematischen Gehalt alltäglicher Situationen und Phänomene sensibilisiert und zum Problemlösen mit Hilfe mathematischer Mittel angeleitet. [...]"[49]

> „Schülerinnen und Schüler können sich zunehmend in andere einfühlen, indem sie auf Argumente und dargestellte Rechenstrategien anderer eingehen und Probleme gemeinsam lösen."[50]

> „Schülerinnen und Schüler finden gerade dann individuelle Lösungsansätze und Lösungsstrategien, wenn sie mit Fragestellungen und problemhaltigen Situationen konfrontiert werden, für die sie noch keine festen Lösungsschemata haben."[51]

Ebenso ist das Problemlösen als prozessbezogene Kompetenz in sämtlichen Kerncurricula der Mathematik festgehalten. Wir haben schon eingangs darüber gesprochen, dass Problemlösen nicht nur als Vorgang (wie im vorigen Kapitel gehandhabt), sondern auch als wichtige Kompetenz[52] zu verstehen ist. Um zu verstehen, was den Kompetenzcharakter des Problemlösens ausmacht, wollen wir zunächst die Definition einer *Kompetenz* an sich betrachten.

---

[48] http://www.nctm.org/standards/content.aspx?id=322 (eingesehen am 02.12.14 um 15.57 Uhr)
[49] Kerncurriculum für die Grundschule, Mathematik, Niedersachsen, 2006, S. 7
[50] ebd., S. 8
[51] ebd. S. 9
[52] *nicht nur um mathematischen Bereich, aber verstärkt in diesem*

Nachdem die TIMS-Studie (Third International Mathematics and Science Study) 1995 hervorbrachte, dass deutsche Schülerinnen ein erhebliches Defizit beim Lösen mathematischer Probleme aufweisen, ist die Bedeutung dieses Themas rasant gestiegen. Doch erst nach dem sogenannten PISA-Schock aus dem Jahr 2000, bei dem überdurchschnittliche Mängel in der (allgemeinen) Bildung der Schülerinnen festgestellt wurde, hat im schulischen Bildungssektor der Bundesrepublik Deutschland ein Umdenken stattgefunden. Statt der bisherigen Input-Orientierung wurde die Vermittlung von Bildung zu einer Output-Orientierung umgestellt. Ausschlaggebend ist nun also nicht mehr, was *unterrichtet* werden soll, sondern was die Schülerinnen am Ende einer Unterrichtsstunde bzw. Unterrichtssequenz oder auch einem ganzen Schuljahr *gelernt* haben sollen - also, welche *Fähigkeiten* und *Fertigkeiten* sie erworben haben sollen. Man stellt sich also heute die Fragen: Was von dem, was wir (Lehrerinnen) unterrichten, kommt auch bei den Schülerinnen an? Was sollen sie in welchen Situation können? Daher werden Bildungsziele seit 2004 kompetenzorientiert formuliert. Auch dienen sie der Messbarkeit von Leistung.

Unter Kompetenz versteht man also „die bei Individuen verfügbaren oder durch sie erlernbaren kognitiven Fähigkeiten und Fertigkeiten, um bestimmte Probleme zu lösen, sowie die damit verbundenen motivationalen, volitionalen und sozialen Bereitschaften und Fähigkeiten um die Problemlösungen in variablen Situationen erfolgreich und verantwortungsvoll nutzen zu können."[53]

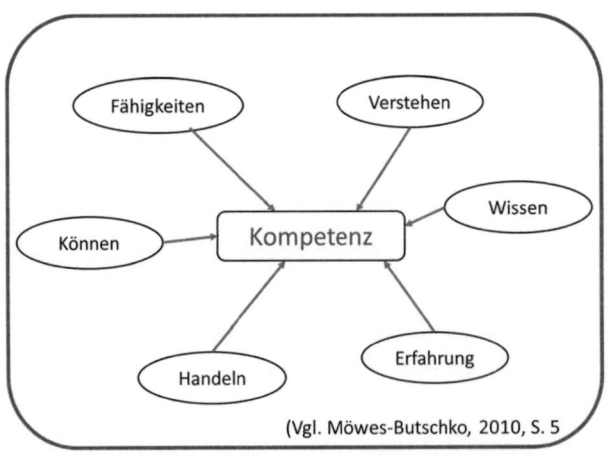

(Vgl. Möwes-Butschko, 2010, S. 5

Abb. 8: Kompetenzmodell

---

[53] Möwes-Butschko, 2012, S. 6

Die Ansicht über die Relevanz des Problemlösens im Mathematikunterricht ist allerdings nicht neu, so HEINRICH (2004). „Schon DEWEY (1910) trat für eine vermehrte Pflege des Problemlösens im Unterricht ein."[54] Im Laufe der Zeit ist es aber weitgehend aus den Köpfen der Mathematikdidaktikerinnen verschwunden und rückte erst mit PÓLYA (1949) wieder in deren Blickfeld, und spielt heute, wie wir gesehen haben, eine essentielle Rolle im Rahmen mathematischer Bildung.

In welchem Rahmen dies in der aktuellen Mathematikdidaktik eine Rolle spielt, werden wir uns nun im folgenden Kapitel ansehen.

2.2.2 Ansatzpunkte und Maßnahmen zur Förderung der Problemlösekompetenz – eine Bestandsaufnahme

Wie schon erwähnt, ist das mathematische Problemlösen trotz seiner langen Karriere erst vor kurzem wieder stärker in das Blickfeld der Mathematikdidaktik gerückt. War noch in der ersten Hälfte des vergangenen Jahrhunderts hauptrangig das Anwenden von Mathematik Ziel mathematischer Bildung, so liegt das Augenmerk heute stärker auf dem Verstehen und Verinnerlichen mathematischer Vorgänge und auch auf der Förderung der Selbstständigkeit von Schülerinnen. „Die Ergebnisse der TIMS[55]- und der PISA[56]-Studie machen deutlich, dass ein eng geführter, kleinschrittiger, fragend-entwickelnder Mathematikunterrichts die für die Förderung des problemlösenden Denkens notwendige kognitive Aktivierung der Schüler nicht zu leisten vermag."[57]

Im Folgenden werde ich einige wichtige Ansätze zur Förderung der Problemlösekompetenz anführen.

Seit PÓLYA mit seinem Werk „Schule des Denkens" im Jahr 1949 erstmals versuchte, den Charakter eines Problemlöseprozesses zu bestimmten, reihten sich in den Folgejahrenten einige weitere Mathematikdidaktikerinnen ein und konzentrierten sich mit ihren Untersuchungen zunächst auf die Analyse der Beschaffenheit von Problemen und deren Lösungsprozessen. Zum Beispiel entwickelte KILPATRICK (1967) ein Analyseschema für Problemlöseprozesse und fand heraus, dass eine Korrelation zwischen dem Einsatz von Heurismen und der Problemlösefähigkeit besteht. Mitte der 80er Jahre beschäftigte sich

---

[54] Heinrich, 2004, S. 49
[55] Vgl. Baumert et al., 1997
[56] Vgl. Baumert et al., 2001
[57] Schneeberger, 2009, S. 22

SCHOENFELD (1985) mit der Frage, was denn eine „gute" von einer „schlechten" Problemlöserin unterscheide und stellte (hier ergänzt durch LESTER, 1994) einige Merkmale auf:

- Der Wissensumfang von „guten" Problemlöserinnen ist deutlich größer und besser vernetzt als der von „schlechten".
- „Gute" Problemlöserinnen können ihre Gedanken während des Problemlöseprozesses stärker auf sie strukturellen Merkmale des Problems richten als „schlechte".
- „Gute" Problemlöserinnen gehen reflektierter mit ihren Kompetenzen um.
- „Guten" Problemlöserinnen gelingt es besser, ihre Problemlöseprozesse zu strukturieren und zu reflektieren als „schlechten".
- „Gute" Problemlöserinnen legen mehr Wert auf eine elegante Lösung eines Problems als „schlechte".[58]

Des Weiteren kam er zu dem Schluss, dass die Problemlösekompetenz nicht alleine von der Kenntnis über mathematische Sachverhalte und der Anwendung der „richtigen" Heuristik abhängt, sondern dass auch affektive Variablen (z.B. die persönliche Erfahrung zum Problemlösen) eine wichtige Rolle spielen. Von SCHOENFELD (1985, S. 15f) stammen in diesem Zusammenhang auch weitere Überlegungen zu den Faktoren, die sich auf das individuelle Problemlösen auswirken. Er unterteilt sie in vier Bereiche.

Resources:
- Mathematical knowledge possessed by the individual that can be brought to bear on the problem at hand
- Intuitions and informal knowledge regarding the domain
- Facts
- Algorithmic procedures
- „Routine" nonalgorithmic procedures
- Understandings (propositional knowledge) about the agreed-upon rules for working in the domain

Heuristics:
- Strategies and techniques for making progress on unfamiliar or nonstandard problems; rules of thumb for effective problem solving, including
- Drawing figures; introducing suitable notation
- Exploiting related problems

---

[58] Vgl. Burchartz, 2003, S. 39

- Reformulating problems; working backwards
- Testing and verification procedures

Control:
- Global decisions regarding the selection and implementation of resources and strategies
- Planning
- Monitoring and assessment
- Decision-making
- Conscious metacognitive acts

Belief Systems:
- One's „mathematical world view", the set of (not necessarily conscious) determinants of an individual's behaviour
- About self
- About the environment
- About the topic[59]

Unter *Resources* versteht er das mathematische Grundlagenwissen, auf das eine Problemlöserin zurückgreifen kann, unter *Heuristics* die heuristischen Vorgehensweisen, unter *Control* eine Art der Selbstregulation und Metakognition und unter *Belief Systems* das Selbstkonzept der Problemlöserin, sowie ihre Einstellung zu den das Problemlösen umgebenden Faktoren.

Daran anknüpfend erstellte GEERING (1992) eine Übersicht über die verschiedenen Ebenen des Problemlösens auf, in denen die Faktoren, die das Problemlösen beeinflussen, bestimmten Kategorien zugeordnet werden.

Einstellungen **Einstellungen, Grundhaltungen**

- zu sich selbst
- zur Klasse
- zum Fachlehrer
- zur Schule
- zum Fach Mathematik
- zum aktuellen Thema

---

[59] vgl. Heinrich, 2004, S. 73f

Kognition **Fachliches Können („Werkzeugkiste")**

- *Fertigkeiten*, instrumentelle Techniken
- Vernetztes *Wissen*, Konzepte, Strukturen
- Problemlöse- *Strategien*, „Heuristiken"
- Alltags- und *Umweltbezug*, Fähigkeit zu „mathematisieren"

Metakognition **Fähigkeit zur Selbststeuerung, -kontrolle (Management)**

- *Bewusstheit* über den Inhalt der „Werkzeugkiste"
- *Planen,* vorausschauend, auf Zusammenhänge bedacht denken
- *Entscheiden* über den Einsatz der Strategien und Werkzeuge
- *Kontrolle* der eigenen Arbeit

(vgl. Heinrich, 2004, S. 74)

Es geht also um das Zusammenspiel von vielen Bedingungen, die Auswirkungen auf einen Problemlöseprozess haben können. Die entscheidenden Faktoren liegen also auch, aber nicht nur, in einem gut ausgebildeten Wissensfülle, aber auch in dessen Vernetzung, sowie im Erkennen von Strukturen, der Reflexion nicht nur des Problemlösevorgangs, sondern auch von sich selbst und den jeweiligen Grundhaltungen der Rahmenbedingungen gegenüber.

Diese Erkenntnisse können also mitunter zu der Einsicht führen, dass die Förderung der Problemlösefähigkeit bzw. -kompetenz durchaus vielschichtiger geschehen muss, als durch die bloße Vermittlung von heuristischen Strategien.

Nachdem wir nun einige Ansätze zur Förderung der Problemlösefähigkeit gesehen haben, stellt sich die Frage: Wie lässt sich diese Fähigkeit nun konkret aufbauen? Welche Maßnahmen können innerhalb des Mathematikunterrichts getroffen werden, um der Forderung (auch durch die Kerncurricula) nach dem Kompetenzausbau gerecht zu werden? ZIMMERMANN (2003) bemerkt hierzu, dass die Bedeutung heuristischer Strategien dabei zwar nicht unterschätzt werden sollte, aber eine implizite Vermittlung auf Basis einer gewissen Erfahrung mit dem Problemlösen, auch unter expliziter Bezugnahme auf bewährte heuristische Verfahren, sinnvoller ist, als diese dem Förderprozess voran zu stellen.

Anknüpfend daran sollen im Folgenden drei zentrale Ansätze für Maßnahmen vorgestellt werden.

Zum einen ist hier KILPATRICK (1985) zu erwähnen, der hierzu fünf Bereiche potentieller Fördermöglichkeiten aufstellt.

1. *Osmosis*
2. *Memorization*
3. *Imitation*
4. *Cooperation*
5. *Reflection*[60]

Mit *Osmosis* beschreibt er, dass Lernende durch eine Fülle von Problemlösevorgängen, diese in ihr Repertoire aufnehmen können. *Memorization* bezeichnet Maßnahmen, die sich auf das korrekte Ausführen von Teilprozessen beziehen. *Imitation* meint hier, dass Maßnahmen auch im Sinne der Vorbildfunktion zu treffen sein können, während *Cooperation* Maßnahmen zur Förderung durch das Problemlösen als Gruppenprozess vorsieht. Unter *Reflection* sind solche Maßnahmen zu verstehen, welche die Lernenden auf einer metakognitiven Ebene zum Nachdenken über ihr Handeln anregen.

Zum anderen formuliert auch ZECH (1996) einige unterrichtsbezogene Maßnahmen zur Förderung der Problemlösefähigkeit:

- durch Problemlösen!
- Dialektik zwischen Anleitung und Selbstständigkeit beachten!
- Verwendung von Handlungsanweisungen
- gezieltes kognitives Modellieren heuristischer Regeln
- Üben von Teilhandlungen
- Analyse von Fehlern, die auf das Nichtbeachten wesentlicher heuristischer Regeln zurückzuführen sind
- Kommentieren richtiger und falscher Lösungsschritte (Rückmeldung)
- Lösungswege reflektieren (besonders wichtig!)

---

[60] vgl. Kilpatrick, 1985, S. 8f

- Aufforderung, von vorhandenem Wissen Gebrauch zu machen, auf Ähnlichkeiten zu reflektieren (Analogisieren)
- Entwicklung der Abstraktionsfähigkeit (daran gewöhnen, auf wichtige Informationen zu achten)[61]

Ein dritter Ansatz ist z.B. die Entwicklung einer die Problemlösefähigkeit fördernden Aufgabenkultur nach BURCHARTZ (2003). Sie widmet sich der Beschaffenheit verschiedener Probleme, bzw. der Frage, in welcher Form Probleme Eingang in den Unterricht finden können. Besonders hebt sie dabei *„offene Aufgaben"* und *„Modellierungsaufgaben"* hervor[62].

Merkmale einer offenen Aufgabe sind unter anderem:

- Die Problemsituation ist unscharf definiert, da nicht alle zur Lösung erforderlichen Angaben vorhanden sind.
- Aus einer Vielzahl teils überflüssiger oder unerheblicher oder unwichtiger Informationen müssen die herausgefiltert werden, die notwendigerweise für die Lösung des spezifischen Problems relevant sind.
- Fehlende Informationen müssen durch weiche mathematische Tätigkeiten wie Schätzen, Überschlagen oder Runden beschafft oder angenommen werden.
- Aus verschiedenen mathematischen Bereichen und anderen Fächern müssen Kenntnisse herangezogen werden.
- Das Ziel ist nicht klar formuliert, sodass unterschiedliche Ansätze möglich sind
- Für die Lösung gibt es nicht nur einen Lösungsweg, sondern es können unterschiedliche Wege gewählt werden.
- Für das Problem gibt es nicht genau eine Lösung, sondern es kann auch mehrere oder keine Lösung geben.[63]

Die Betrachtung der Merkmale eines Modellierungsprozesses zeigt, wie eng er mit dem Problemlöseprozess verknüpft ist.

---

[61] Zech, 1996, S. 364
[62] *Hier sei noch einmal mal angemerkt, dass mit dem Wort Aufgabe in diesem Zusammenhang lediglich die Aufforderung zum Bearbeiten einer Fragestellung gemeint ist, und nicht wie eingangs definiert eine durch bekannte Algorithmen lösbare Aufgabenstellung.*
[63] Vgl. Leuders, 2001, S. 113

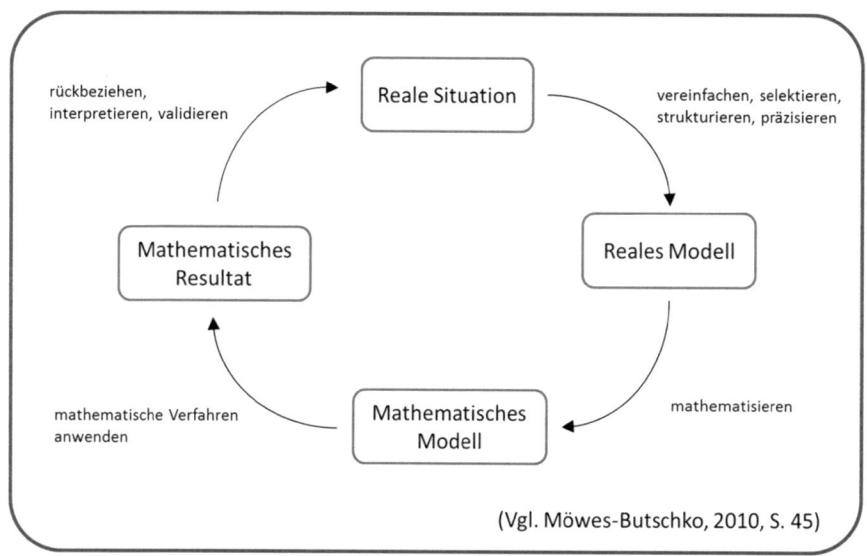

Abb. 9: Modellbildungskreislauf

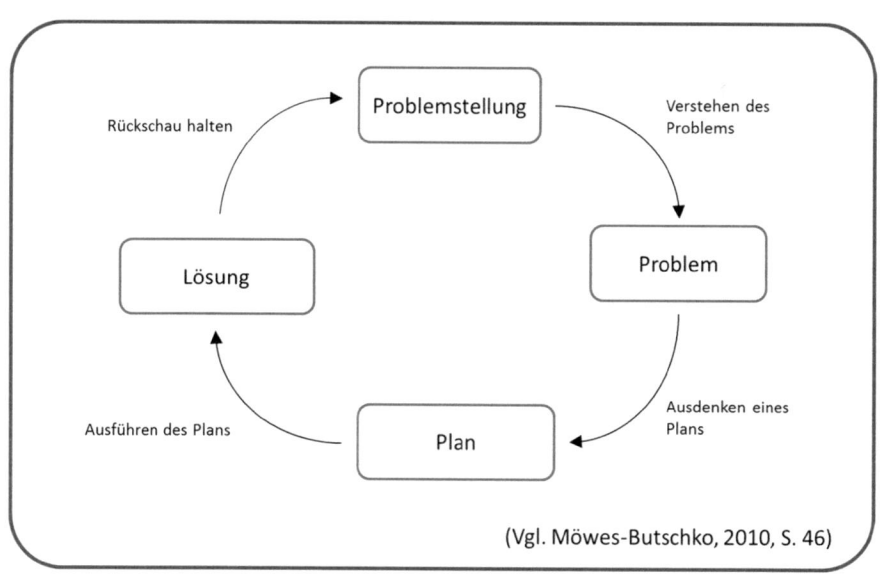

Abb. 10: Kreislauf des Problemlöseprozesses

Wie man sieht, eignen sich die gezeigten Aufgabentypen, sehr gut, um die Problemlösekompetenz zu trainieren. Doch nicht nur das Lösen von Problemen kann hierfür relevant sein, sondern ebenso das Finden von Problemen[64].

Eine neue Aufgabenkultur werde aber nach BRUDER/COLLET (2011) nicht ausreichen. Für viele Lernende sei es frustrierend mit solchen Fragestellungen konfrontiert zu werden, die zwar vielseitige Fähigkeiten fördern sollen, zu denen sie aber keinen Zugang finden wollen oder auch gar nicht können, weil die Einstiegshürde einfach zu hoch ist. Probleme mit erhöhtem Anforderungsniveau und solche, die zunächst ungewohnt oder auch einfach nur schwierig, aber nicht interessant erscheinen, könnten bei geringem Selbstwertgefühl bzw. geringer Anstrengungsbereitschaft oft zur Ablehnung führen[65]. Nur ist die Frage, wie eine entsprechende Unterstützung auch für solche Schülerinnen aussehen kann.

Im Kontext der Förderung der Problemlösefähigkeit schlagen BRUDER/COLLET (2011) weiterführend ein längerfristiges Vier-Phasen-Modell für ein Unterrichtskonzept des Problemlösens vor. Dieses stützt sich besonders auf die These, dass erfolgreiches Problemlösen nicht nur mit mathematischer Erfahrung zu tun habe, sondern auch mit Problemlöseerfahrung auf emotionaler Ebene, ähnlich wie auch SCHOENFELD (1985) und GEERING (1992) dies formulierten. Das Gefühl, ein Problem erfolgreich gelöst zu haben wirke stark motivierend und beeinflusst das Selbstkonzept einer Schülerin gegenüber dem Problemlösen enorm.[66] Daher sei es wichtig, Schülerinnen langsam an das Problemlösen zu gewöhnen und Überforderung zunächst zu vermeiden.

1. Phase: Gewöhnen an Heurismen und an ein strukturiertes Vorgehen beim Problemlösen über das Verwenden typischer Fragestellungen in einem reflektierten Problemlöseprozess durch die Lehrkraft.

2. Phase: Bewusstmachen heuristischer Elemente und Einsicht in deren Wirksamkeit anhand von überzeugenden Musterbeispielen.

3. Phase: Zeitweilige bewusste Übung und Anwendung der neu kennengelernten Heurismen anhand unterschiedliche schwieriger Aufgaben.

4. Phase: Schrittweise bewusste Kontexterweiterung für den Einsatz der Heurismen und zunehmend unterbewusste Nutzung.[67]

---

[64] Vgl. Heinrich, 2004, S. 52
[65] vgl. Bruder/Collet, 2011, S. 22
[66] Vgl. Bruder/Collet, 2011, S. 34 f.
[67] Vgl. Bruder/Collet, 2011, S. 114

Zur ersten Phase (Gewöhnen an Heurismen):

Die Lehrperson wirkt in dieser Phase wie ein Vorbild für die Schülerinnen, indem sie bei einer Problemlösebearbeitung strukturiert vorgeht. Sie erarbeitet gemeinsam mit den Schülerinnen bestimmte Fragen, die einem bei der ersten Begegnung mit einem Problem helfen können, dies zu ordnen (Worum geht es? Was wissen wir schon im Zusammenhang mit dem Problem?), bzw. bei der Entwicklung eines Plans (Welche Methoden und Techniken stehen uns zur Verfügung? Welche eignen sich für das Problem? Wie kann man die gegebene Situation strukturieren?), oder aber auch der Rückschau (Welche mathematischen Inhalte - Begriffe, Zusammenhänge, Verfahren – haben uns geholfen, die Aufgabe zu lösen? Welche Strategien waren nützlich? Was war neu für uns? Welche Fragen sind offen geblieben?), sowie Anschlussfragen (Geht es auch einfacher oder eleganter?). Mit diesem Fragenkatalog können Schülerinnen auch zukünftige Problemstellungen ordnen, im Idealfall sogar selbstständig.

Zur zweiten Phase (Bewusstmachen heuristischer Elemente und Einsicht in deren Wirksamkeit):

Können die Schülerinnen nun über einige zum Erfolg geführte Vorgehensweisen zurückgreifen, kann die Lehrperson diese angewendeten Strategien (also Heurismen) in dieser Phase explizit thematisieren und Vorteile, Nachteile, Anwendungsgebiete, etc. mit den Schülerinnen besprechen. Eine empirisch belegte Hypothese von BRUDER/COLLET ist z.B.:

„Wenn es den in Mathematik geistig weniger beweglichen Lernenden gelingt, geeignete Problemlösestrategien (Heurismen) zu erlernen und flexibel anzuwenden, können von ihnen in begrenzten Themenbereichen ähnliche Problemlöseergebnisse erzielt werden wie von den intuitiven Problemlösern."[68]

Eine gleichzeitig simple und witzige Methode, Schülerinnen klarzumachen, was geistige Beweglichkeit bedeuten soll, ist z.B. folgender Auftrag: „Finde innerhalb einer Minute möglichst viele Verwendungsmöglichkeiten für einen Ziegelstein!". Wer statt der einen naheliegenden Verwendung zum Bauen einer Mauer, in der Lage ist, viele weitere, vllt. unkonventionellere Verwendungsmöglichkeiten in Betracht zu ziehen, ist womöglich auch im mathematischen Problemlösekontext geistig flexibler, als jemand, dem das schwerer fällt.

---

[68] Bruder/Collet, 2011, S. 36

Diese Fähigkeit gilt es also auch auf heuristischer Ebene auszubauen. Es geht also auch darum, sich von starren Lösungsmustern zu lösen, und selbst kreativ zu werden. Hierzu können möglichst vielfältige heuristische Strategien kennengelernt werden, im günstigsten Fall auch mehrere *verschiedene* bezogen auf *ein* Problem.

Zur dritten Phase (Zeitweilige bewusste Übung und Anwendung):

In dieser Phase sollen nun gelernte Heurismen geübt werden, allerdings so, dass die Lehrperson relativ gezielt entscheidet, welches Problem sich gut eignet, um eine heuristische Strategie zu festigen.

Zur vierten Phase (Kontexterweiterung und unterbewusste Nutzung von Heurismen):

Diese Phase kann als langfristiges Ziel angesehen werden. Je ausgiebiger trainiert wird, desto eher werden Vorgänge mit der Zeit unbewusst, bzw. unterbewusst erledigt. Es gehört aber auch dazu, die Anwendungsfelder der kennengelernten Heurismen ständig bewusst zu erweitern. Die vierte Phase benötigt allerdings einen gewissen zeitlichen Abstand zur dritten Phase.[69]

Das Vier-Phasen-Modell bietet selbstverständlich in diesem Zusammenhang eine konkrete Auswahl an Erkenntnissen der Mathematikdidaktik.

In diesem Kapitel haben wir also nun gesehen, welche bisherigen Ansätze zur Förderung der Problemlösekompetenz in der aktuellen Forschung diskutiert werden, sowohl im praxisorientierten mathematikdidaktischen Bereich, als auch im psychologischen Bereich.

Bisher sind wir vom Problemlöseprozess als klar gegliederten Vorgang ausgegangen, haben ihn sowohl linear als auch zyklisch betrachtet, jedoch stets mit der Option, dass auch eine Lösung gefunden wird. Im folgenden Kapitel soll der Problemlöseprozess nun etwas weniger idealisiert betrachtet werden, sondern wir wollen im Speziellen beleuchten, was denn passiert, wenn eine Problemlöserin mit einem eingeschlagenen Weg *nicht* zur Lösung kommt.

---

[69] Vgl. ebd. S. 114 ff.

3 Wechsel von Lösungsanläufen bzw. Lösungsansätzen

Im vorangegangenen Kapitel haben wir nun einige Ansatzpunkte für die Förderung der Problemlösefähigkeit kennengelernt. Bezüglich der Wechsel von Lösungsanläufen bieten sich aber noch durchaus weitere ergänzende mögliche Anknüpfungspunkte.

> „Problemlösen ist dadurch charakterisiert, dass dem Bearbeiter nicht schlagartig eine Lösung einfällt, sondern dass er sich eine Lösung schrittweise und häufig über Umwege zu erarbeiten versucht."[70]

Diese Erkenntnis haben wir schon des Öfteren angedeutet gefunden, beispielsweise in dem „heuristischen Rattenlabyrinth" von PÓLYA (vgl. Abb. 5). In diesem Kapitel soll nun zunächst die Beschaffenheit von Lösungsansätzen bzw. Lösungsanläufen erläutert werden, um im Folgenden auf die Charakteristika der Wechsel zwischen verschiedenen Lösungsanläufen bzw. ganzen Lösungsansätzen einzugehen. Ich werde mich in diesem dritten Kapitel sehr stark auf die Arbeiten FRANK HEINRICHS beziehen, da die Fülle an Forschungsarbeit zu diesem Thema sehr knapp bemessen ist.

Um vorweg zu klären, was innerhalb eines Lösungsprozesses ein Lösungsanlauf ist, hat HEINRICH zunächst den Begriff des *Steuerungsschrittes* geprägt. Jedem Arbeitsschritt geht demnach so ein Steuerungsschritt voraus, der sowohl bewusst als auch unbewusst ablaufen kann. Sehen wir also den Problemlöseprozess als Abfolge mehrerer Arbeitsschritte an, so ließe sich dieser auch wie in Abb. 11 darstellen.

Ein *Lösungsanlauf* enthält also mindestens einen Steuerungs- sowie einen Arbeitsschritt, kann selbstverständlich aber auch eine Aneinanderreihung dieser beinhalten. Die Abgrenzung zwischen Steuerungsschritt und Arbeitsschritt erfolgt hier, indem unter Arbeitsschritt eine extrospektiv sichtbare Handlung verstanden wird, während der Steuerungsschritt reine Überlegungen (geordnet oder ungeordnet) enthält. In diesem Fall wird der erste *Lösungsansatz* S1 innerhalb des Lösungsanlaufes fortentwickelt. Im Gegensatz hier-

---

[70] Heinrich, 2004, S. 87

zu steht der *Wechsel eines Lösungsanlaufes*, welcher von HEINRICH (2004) wie folgt definiert wird:

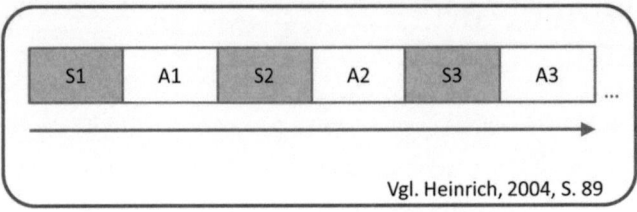

Abb. 11: Steuerungsschritt-Arbeitsschritt-Modell

„Allgemein gesprochen sei unter der Begrifflichkeit *Wechseln von Lösungsanläufen* ein vom Problemlöser vollzogener Übergang von einem nicht zum Ziel führenden oder geführten Lösungsanlauf *Ln* zu einem anderen, davon verschiedenen Lösungsanlauf *Ln+1* (mit $n \in N$, $n \geq 1$) verstanden. Dabei kann das Ausmaß an Veränderung, d.h. das Ausmaß, in dem sich $Ln+1$ von Ln unterscheidet, unterschiedlich groß ausfallen. Sind in Ln+1 und Ln verschiedene Grundideen (also verschiedene Lösungsansätze) erkennbar, kann auch vom *Wechseln von Lösungsansätzen* gesprochen werden."[71]

Die Unterscheidung zwischen Lösungsansatzwechsel und Lösungsanlaufwechsel möchte ich in dieser Arbeit auch entsprechend beibehalten, jedoch ist es für die Charakterisierung solcher Wechsel zunächst zweitrangig, ob lediglich ein Anlauf, oder gar ein Ansatz gewechselt wird. In den entsprechenden Fallbeispielen wird allerdings darauf hingewiesen.

3.1 Merkmale des Wechsels von Lösungsanläufen bzw. Lösungsansätzen

Markant für einen solchen Wechsel, egal ob der eines Lösungsansatzes oder eines Lösungsanlaufes, ist zunächst der Abbruch des bisherigen Anlaufes. Eine bisher verfolgte Bearbeitungsweise erfährt an einer Stelle eine Zäsur und wird nicht wie gehabt weiter fortgeführt, sondern durch eine andere Bearbeitungsweise ersetzt.

---

[71] Heinrich, 2004, S. 18

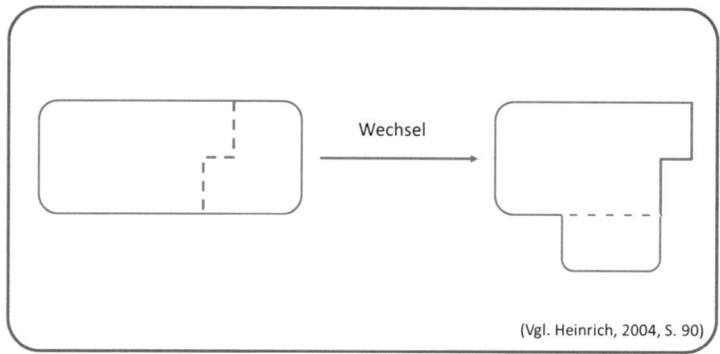

Abb. 12: Darstellung eines Wechsels

Im Vergleich dazu besteht eine Fortentwicklung zwar auch aus unterschiedlichen Segmenten, jedoch wird hier keines der bisherigen Segmente verworfen, sondern weiterführend durch neue ergänzt.

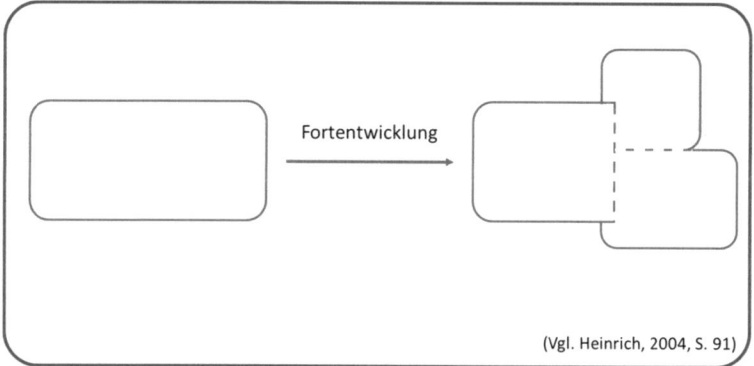

Abb. 13: Darstellung einer Fortentwicklung

Für einen Wechsel muss es also…

1. einen Anlass gegeben haben, den bisherigen Lösungsweg zu verwerfen,
2. einen neuen Lösungsansatz geben, der auf den Abbruch folgt, oder
3. einen vorherig abgebrochenen Lösungsanlauf bzw. ein Teilsegment geben, an den bzw. an das nun wieder angeknüpft wird.

Die Aspekte 1 und 2 markieren hier einen Lösungsansatzwechsel, während Aspekt 1 und 3 einen Lösungsanlaufwechsel markieren.

Ein Wechsel, egal welcher Art, kommt also genau dann zustande, wenn die Problemlöserin an einem bestimmten Punkt nicht weiter kommt, oder ihre bisherige Lösungsstrategie als unbrauchbar oder verbesserungswürdig empfindet. Es ist hierbei möglich, dass sie Fragmente oder Grundideen des bisherigen Lösungsanlaufes auch für den neuen weiter verwendet, oder aber auch völlig neue Denkansätze sucht.[72]

Um einen Problemlöseprozess bezogen auf die Wechsel darzustellen, kann man ihn sich als Abfolge solcher Lösungsansätze vorstellen. Diese unterteilen sich nach HEINRICH in drei Phasen, denen handlungstheoretische Ideen wie z.B. von SCHMIDT (1987, 1989) zugrunde liegen. Diese beziehen sich bei ihm zwar speziell auf Gruppenprozesse, sind aber auch für individuelle Problemlöseprozesse im Sinne der Handlungsregulationstheorie übertragbar[73]. Demnach befindet sich eine Problemlöserin innerhalb eines Lösungsanlaufes in drei verschiedenen Phasen, das *(Neu)Orientieren*, das *Arbeiten* und das *Rückkoppeln*.

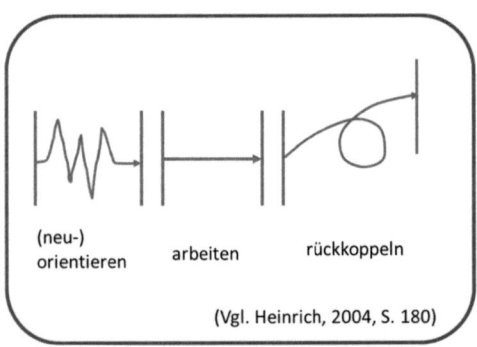

Abb. 14: Handelstheoretisches Modell eines Lösungsanlaufes

Unter *orientieren* können wir hier den vorher erwähnten Steuerungsschritt verstehen, unter *arbeiten* den konkreten Arbeitsschritt verstehen. Das *Rückkoppeln* bezeichnet eine Rückmeldung über die Eignung des ausgeführten Arbeitsschrittes. Fällt sie positiv aus, z.B. bei dem erfolgreichen Erreichen von Zwischenschritten, ist kein Wechsel, sondern eine Fortentwicklung der nächste Schritt. Fällt sie allerdings negativ aus, so kommt es zu einem Wechsel.

---

[72] Vgl. Heinrich, 2004, S. 91
[73] Vgl. Volpert, 1987

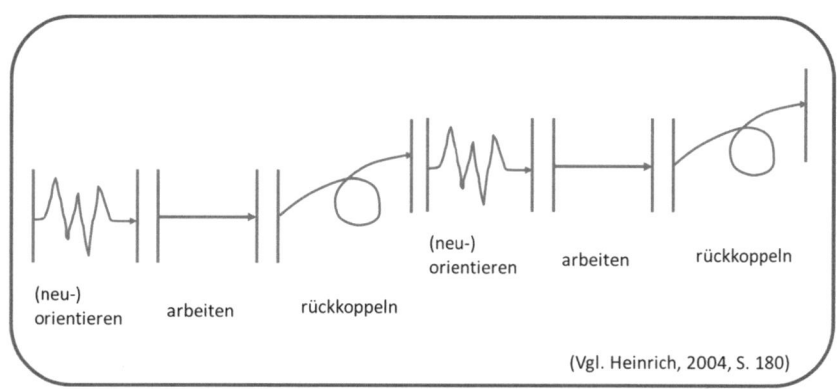

Abb. 15: Handlungstheoretisches Modell eines Wechsels

In diesem Fall folgt auf den negativen Rückkopplungsschritt eine Neuorientierung. In einigen Fällen können diese zwei Schritte sogar zusammenfallen, beispielsweise, wenn ein Arbeitsschritt erst durch das Aufkommen einer neuen Idee beendet wird[74]. So kann dieses Modell als Spezialisierung des Steuerungs-/Arbeitsschrittmodells gesehen werden.

Ein Problemlöseprozess kann also aus beliebig vielen dieser Schritte bestehen. Die Annahme es handele sich hierbei um eine lineare Aneinanderreihung trifft allerdings nur bezogen auf die verstrichene Zeit zu. Inhaltlich kann sich eine Neuorientierung auch auf vorige Teilsegmente beziehen.

Nachdem wir nun genauer betrachtet haben, an welchen Stellen des Problemlöseprozesses es zu Wechseln kommen kann, soll im nächsten Kapitel näher darauf eingegangen werden, *warum* bisher verfolgte Lösungsanläufe abgebrochen werden.

3.2 Wechselanlässe

Eine meiner zentralen Fragestellungen (vgl. Kapitel 1) lautet: *Warum werden begonnene Lösungsanläufe abgebrochen?*

Um diese Frage beantworten zu können, bedarf es zunächst einiger Vorüberlegungen über die Beschaffenheit von Wechselanlässen. Unter Wechselanlass soll hier genau die Schwierigkeit, bzw. Hürde, verstanden werden, die den Lösungserfolg eines eingeschla-

---

[74] *Siehe auch Kapitel 3.2 Wechselanlässe*

genen Lösungsweges verhindert und die Problemlöserin dazu veranlasst, ihr bisheriges Vorgehen zu verändern.

HEINRICH hat dazu während seinen Forschungsarbeiten aus dem Jahr 2004 einige sich häufende Wechselanlässe festgestellt, an welche auch die in dieser Arbeit verwendeten Wechselanlässe anknüpfen sollen. Es handelt sich hierbei um problemspezifische Wechselanlässe, die sich im Rahmen der HEINRICH'schen Studie zwar auf das Problemlösen im Kontext von Partnerarbeit stützen, aber auch auf individuelle Problemlöseprozesse übertragbar sind. Im Folgenden findet sich eine Auflistung der häufig festgestellten Wechselanlässe, welche im Vorausblick auf meine eigenen Untersuchungen entsprechend ergänzt wurden.

- erkannte (Wissens- und Fertigkeits-)Fehler, **[A1]**
- derzeitige Wissensdefizite (einst erlerntes und gerade benötigtes mathematisches Grundwissen ist derzeit nicht verfügbar), **[A2]**
- latenter Verdacht, dass begonnener Lösungsanlauf nicht zum Ziel führt (eher unspezifisch und unbegründet), **[A3]**
- (aufkommende) alternative, vermeintlich rationellere bzw. effizientere Lösungsidee vor oder während der Arbeit an der aktuellen Idee, **[A4]**
- unübersichtliche oder andere ungeeignete Darstellungsform(en) für das Fortführen der aktuellen Idee, **[A5]**
- schon erbrachter bzw. vermutlich noch zu erbringender hoher zeitlicher und/oder materieller Aufwand beim Fortführen der aktuellen Lösungsidee (nicht primär auf die mathematische Schwierigkeit bezogen), **[A6]**
- Zweifel an der sachlichen Korrektheit von (Teil)ergebnissen, eingebrachten Inhalten und / oder gewählten bzw. bereits ausgeführten Maßnahmen oder Lösungsideen, **[A7]**
- Unbestimmtheit und zu hohe Allgemeinheit einer Idee [fehlender Überblick bzw. fehlende Vorstellung, wohin die Fortentwicklung einer (Grob)Idee überhaupt führen kann (Zielaspekt) bzw. wie die (Grob)Idee weiter entfaltet werden kann (Mittel- und Methodenaspekt); ggf. auch fehlender Mut oder fehlende Bereitschaft, eine Idee weiter zu erschließen], **[A8]**

- Gewahrwerden der (objektiven) Nichterreichbarkeit des Zieles während oder nach Ausführung eines fehlerfreien oder als fehlerfrei vermuteten Lösungsanlaufes (Sackgasse, zu spezieller Lösungsanlauf, Nichtberücksichtigung von Bedingungen, ...), **[A9]**
- Nichterreichung des mit dem jeweiligen fehlerfreien oder als fehlerfrei vermuteten Lösungsanlaufes angestrebten Teilziels (Diskrepanz zwischen Erwartung und Ergebnis), **[A10]**
- Vermutete oder aktuell auftretende *mathematische* Schwierigkeiten bei der Arbeit an der aktuellen Lösungsidee, **[A11]**
- Verlieren des „Roten Fadens" bei der Arbeit an der aktuellen Idee (Vorhaben geht verloren), **[A12]**
- Feststellung, dass aktuelles Vorhaben bereits an früherer Stelle (ergebnislos) ausgeführt wurde, **[A13]**
- gerade benötigte, aber derzeit nicht verfügbare (materielle) Hilfsmittel zur Erreichung einer aktuellen Absicht, **[A14]**[75]
- Verkennung des mathematischen Nutzen eines (unbewusst) erreichten Zwischenziels, **[A15]** [von der Autorin ergänzt]
- Widerspruch innerhalb / Unkorrektheit eines (Teil)ergebnisses **[A16]** [von der Autorin ergänzt]

Diese Liste von Wechselanlässen erhebt selbstverständlich keinen Anspruch auf Vollständigkeit. Sie dient in erster Linie zu Orientierung und ist durchaus gemäß den sich jeweils ergebenen Umständen erweiterbar. Wie man sieht, handelt es sich bei den aufgelisteten Wechselanlässen einerseits um probleminterne Schwierigkeiten (z.B. [A11]) und andererseits um das Problem umgebende Schwierigkeiten (z.B. [A14]).

3.3 Wechselinhalte

Hat eine Problemlöserin nun einen solchen Anlass erfahren und entschieden, ihren bisherige Lösungsweg abzubrechen, kann dies nun auf verschiede Art und Weise geschehen. Wir wollen hier also nun näher betrachten, welchen *Inhalt* ein Wechsel aufweisen kann, bzw. welcher *Art* er ist.

---

[75] Vgl. Heinrich, 2004, S. 343 f.

Es gibt durchaus verschieden Betrachtungsmöglichkeiten, dessen, *was* gewechselt wird. HEINRICH (2004) führt hierzu insgesamt fünf verschiedene disjunkte Arten solcher Wechsel an.

1) Man kann von einem Wechsel sprechen, wenn von einer Phase des Problembearbeitungsprozesses zu einer anderen gewechselt wird (vgl. die vier Phasen PÓLYAS).
2) Ein Problembearbeitungsprozess kann auch als Prozessgruppe einzelner Prozesse gesehen werden (Veränderungs- und Prüfprozesse), zwischen denen gewechselt werden kann.
3) SCHOENFELD (1981, 1983) spricht von Episoden des Problemlöseprozesses (z.B. nach dem Erreichen eines Zwischenziels) und auch zwischen solchen Episoden können Wechsel stattfinden.
4) Ein Wechsel kann ebenso zwischen der kognitiven und der Metakognitiven Ebene stattfinden (vgl. FERNANDEZ/HADAWAY/WILSON, 1994).
5) Ebenfalls kann zwischen einzelnen Qualitäten (Aspekten, Inhalten, Komponenten) des Problemlöseprozesses gewechselt werden, beispielsweise das Wechseln der Repräsentationsebene (geometrische vs. arithmetische/algebraische Darstellung).

In meinem Analyseteil möchte ich mich jedoch stärker auf DÖRNER (1976) beziehen, der zum Thema Wechselinhalte mehrere verschiedene Maßnahmen festgestellt und charakterisiert, die Versuchspersonen zur Umorientieren bei einem Misserfolg angewendet haben, so wie sie beispielsweise auch KLUWE (1983)[76] und auch HEINRICH (2004)[77] aufgreifen.

1. Zwischenzielbildung

Die Zwischenzielbildung besteht darin, dass die Problemlöserin ein meist auf einen bestimmten Operator zugeschnittenes Zwischenzielbildet. Das heißt, sie schafft mit dem Erreichen dieses Zwischenziels die Voraussetzungen dafür, dass ein bestimmter Operator angewendet werden kann.

2. Erneute Suche nach Operatoren

Alternativ kann sie bei einer auftretenden Schwierigkeit auch den Operator wechseln, das heißt, sie sucht nach neuen Mitteln, um das bisherige Ziel zu erreichen.

---

[76] Kluwe, 1983, S. 133
[77] Heinrich, 2004, S. 117

3. Absichtswechsel

Unter einem Absichtswechsel kann verstanden werden, dass die Problemlöserin die Absicht zum Erreichen des Ziels wechselt, also ein Wechsel zwischen verschiedenen Zwischenzielen stattfindet. Dies drückt sich zum Beispiel in der Veränderung des Betrachtungsblickwinkels aus.

4. Zielwechsel

Da ein Zielzustand beim Problemlösen nicht immer schon vorgegeben sein muss, ist es auch denkbar, dass im Laufe eines Lösungsprozesses, unter Beibehaltung der bisherigen Mittel, ein anderes Ziel angestrebt wird.

5. Startpunktwechsel

Hiermit ist das Zurückkehren zu einem früheren Punkt eines Lösungsweges, oder gar des Ausgangspunktes selbst, gemeint.

6. Wechsel des Heurismus

Bewegt sich der bisher verfolgte Lösungsansatz im Sinne einer bestimmten heuristischen Strategie, ist es möglich, dass dies verändert wird. Beispielsweise kann an einem schwierigen Punkt des Lösungsprozesses zum Versuchs-Irrtums-Verhalten übergegangen werden.[78]

Wie auch die Liste der Wechselanlässe erhebt auch diese Zusammenstellung keinen Anspruch auf Vollständigkeit. DÖRNER (1976) hat hierzu ein Modell in Form eines Flussdiagramms entworfen, welches einen Lösungsprozess hinsichtlich seiner möglichen Wechsel darstellt und die sechs Maßnahmen zur Misserfolgsbewältigung, also die sechs verschiedenen Arten eines Wechsels, an bestimmte Bedingungen knüpft (siehe Abb. 16).

Dieses Modell ist eine *mögliche* Verbindung der gegebenen Maßnahmen und daher eine sehr theoretische. In der Praxis verhält sich eine Problemlöserin meist nicht so systematisch, sondern weicht von den einzelnen Vorgängen ab, wie die Erfahrung zeigt.

Bei der Identifikation im zweiten Teil dieser Arbeit werde ich auch auf die genannten Arten von Wechseln Bezug nehmen.

---

[78] Vgl. Dörner, 1976, S. 68

Wir haben uns also in diesem Kapitel zunächst damit beschäftigt, was innerhalb eines Lösungsprozesses einen Wechsel von Lösungsanläufen bzw. Lösungsansätzen ausmacht. Ferner haben wir verschiedene Anlässe kennengelernt, die dazu führen, dass eine Problemlöserin einen bisher eingeschlagenen Lösungsweg verändert, sowie auch mögliche Ebenen, auf denen ein Wechsel stattfinden kann.

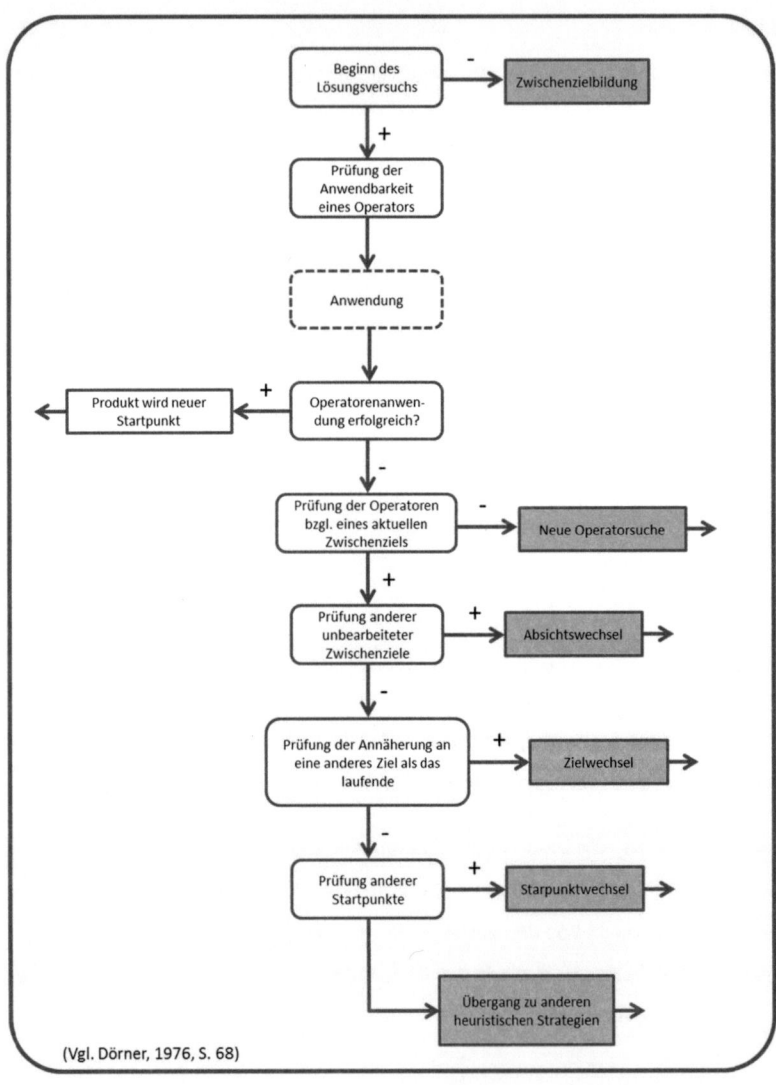

Abb. 16: Modell der Wechselinhalte

4 Forschungsdefizite & Forschungsbedarf

> „Bei der Auseinandersetzung mit bekannt gewordenen Ansatzpunkten und Maßnahmen zur Förderung der Problemlösefähigkeit spielte der hier interessierende „Wechselaspekt" gegenüber anderen Aspekten eine eher untergeordnete Rolle."[79]

Primär wurden eher psychologische Aspekte des Problemlösens thematisiert, bzw. untersucht. Der Problemlöseprozess wird zwar nicht mehr streng linear betrachtet, es ist also schon die Erkenntnis durchgedrungen, dass solch ein Prozess durchaus auch zirkulär verlaufen oder „Einbahnstraßen" beinhalten kann, jedoch wurden mögliche Ansätze zur Förderung der Problemlösefähigkeit meist auf Basis der heuristischen Struktur oder anderen denkpsychologischen Ansätzen hin untersucht und relativ „oberflächlich gehalten" (ohne diesen Untersuchungen den Wert absprechen zu wollen). „Wird hingegen auf das Wechseln von Lösungsanläufen explizit Bezug genommen, findet man meistens nur Einzelmaßnahmen zur (unterrichtlichen) Realisierung vorgeschlagen. Zudem beziehen sich die aufgefundenen Vorschläge auf unterschiedliche Altersbereiche und auf verschiedene Problemtypen."[80]

Wenn wir nun davon ausgehen, dass das Ziel der Problemlöseforschung eine umfassende Analyse des Vorgehens von Schülerinnen beim Problemlösen ist, um die Problemlösefähigkeit innerhalb des schulischen Kontextes zu unterstützen und weiterzuentwickeln, so bedarf es zunächst einer detaillierteren Betrachtung des Gegenstandes. Diese Betrachtung weist speziell in Bezug auf das Wechseln von Lösungsanläufen allerdings eine beträchtliche Unschärfe auf. Literatur, die sich ausführlicher mit diesem Inhalt beschäftigt ist rar gesät.

Um diese Lücke etwas zu füllen, soll diese Arbeit einen Beitrag dazu leisten, einen Aspekt dieser Vielschichtigkeit abzudecken, indem sie sich dem Punkt „Wechseln von Lösungsanläufen beim Bearbeiten mathematischer Probleme" explizit widmet und versucht, anhand von empirischen Erkundungen, das Wissen und das Verständnis über diesen Teilaspekt des mathematischen Problemlösens weiter auszubauen.

---

[79] Heinrich, 2004, S. 163
[80] Ebd.

Hierzu versuche ich die Fragen

(1) Warum werden begonnene Lösungsanläufe abgebrochen und wie kommen neue Lösungsansätze zustande? und

(2) Welche Anregungen liefern die Befunde von (1) auch im Hinblick auf die Förderung der Problemlösekompetenz?

zu beantworten.

II Studie

5 Empirische Erkundungen zum Wechsel von Lösungsansätzen beim mathematischen Problemlösen: eine Studie aus dem Jahr 2010

Für den empirischen Teil dieser Arbeit verwende ich Datenmaterial aus einer empirischen Studie, die von PROF. DR. FRANK HEINRICH und M. ED. STEFFEN JUSKOWIAK im Jahr 2010 an der Technischen Universität Braunschweig durchgeführt wurde.
Diese Studie umfasste die Video- und Audioaufzeichnungen von insgesamt 16 verschiedenen Probanden beim Lösen mathematischer Probleme. In diesem Kapitel sollen nun die Rahmenbedingungen der Studie, sowie die Methodologie der Datenerhebung und -auswertung näher beschrieben werden. Ich orientiere mich hierbei an Informationen aus der noch unveröffentlichten Dissertation von M. ED. STEFFEN JUSKOWIAK, welche sich ebenfalls auf besagte Studie stützt.

5.1 Rahmenbedingungen und Methodologie

5.1.1 Auswahl der Probanden

An der Studie nahmen ausschließlich Schüler und Schülerinnen (im Folgenden mit SuS abgekürzt) mit vollendeter Ausbildung der Sekundarstufe I teil. Die Wahl auf diese Altersgruppe wurde getroffen, da zum einen in diesem Stadium eine gewisse Vorerfahrung mit dem mathematischen Problemlösen anzunehmen ist. Zum anderen, wie in Kapitel 5.1.3 näher beschrieben wird, war ein wichtiger Bestandteil der Datenerhebung das Prinzip des lauten Denkens, weshalb die Probanden ein geeignetes Alter erreicht haben sollten, um sich entsprechend verbal (reflektierend) zu ihrem Handlungsgeschehen zu äußern.

Die Probanden, insgesamt 16 an der Zahl, sind zum Zeitpunkt der Datenerhebung SuS des elften Jahrgangs an zwei Gymnasien aus dem Raum Braunschweig und an einem Gymnasium aus dem Raum Vechelde gewesen. Sie wurden nach Absprache mit den entsprechenden Lehrkräften von eben diesen angesprochen und vorgeschlagen. Neben der Jahrgangsstufe und der Artikulationsfähigkeit war ein weiteres Kriterium für die Auswahl, dass die SuS als eher leistungsstark einzuschätzen sind, da von dieser Schülergruppe nach Einschätzung der Erhebenden eher verwertbare Ergebnisse zu erwarten waren. Den angesprochenen Lehrkräften wurde in diesem Zuge zwar das methodische Vorgehen der Datenerhebung mitgeteilt, jedoch nicht die konkreten Untersuchungsziele, um die Beeinflussung potentieller Probanden zu vermeiden. Als extrinsische Motivation erhielten die Probanden nach Beendigung der Untersuchungsreihe eine Aufwandsentschädigung von 75 Euro.

5.1.2 Auswahl der Probleme

Für die Untersuchungsreihe wurden den SuS insgesamt fünf mathematische Probleme zur Bearbeitung gestellt. Bei der Auswahl dieser Probleme gab es mehrere Anforderungen, denen sie genügen sollten.

1. Mathematische Reichhaltigkeit

Da das Untersuchungsziel das Wechseln von Lösungsanläufen mit einschloss, sollten den Probanden mehrere verschiedene Lösungswege zur Verfügung stehen. Die ausgewählten Probleme sollten also eine Wahl an verschiedenen Vorgehensweisen zulassen. Des Weiteren sollte vermieden werden, dass sich potentielle Lösungswege der verschiedenen Probleme zu sehr ähneln, da die Probanden im Laufe der Zeit alle fünf Probleme bearbeiten sollten und stets der Problemcharakter vorhanden sein sollte. Andernfalls würde aus einem Problem möglicherweise eine Aufgabe werden (vgl. Kapitel 2.1.1).

2. Problemtyp „Entscheidungsaufgabe" (Beweisproblem)

Wie schon HEINRICH in seiner Studie zum Problemlösen aus dem Jahr 2004 festgestellt hat, eignen sich für empirische Untersuchen solche Probleme besonders, bei denen sowohl Anfangs- als auch Zielzustand vorgegeben sind und lediglich die Transformation den Problemlöserinnen obliegt. Dies ist auch besonders aus Vergleichbarkeitsgründen vorteilhaft.

3. Themenbereich Geometrie

Die Beschränkung auf den Themenbereich Geometrie erfolgte in diesem Fall vornehmlich aus persönlichen Präferenzen der Erhebenden. Aber auch andere Mathematikdidaktiker sprechen der Geometrie besondere Eignung für das Feld Problemlösen zu, so z.B. BECKER (1987, S. 124) und WITTMANN (2009, S. 86).

Unter Beachtung der genannten Kriterien stellten sich die folgenden fünf Probleme als besonders geeignet heraus und wurden demnach auch in der Studie verwendet.

Problem 1 (P1):

Beweisen Sie, dass die Summe der Flächeninhalte der drei oberen, schwarzen Flächen gleich dem Flächeninhalt der grau eingefärbten Fläche ist.

Bei der Grundfigur handelt es sich dabei um ein rechtwinkliges Trapez, bei dem eine Diagonale senkrecht auf einer Seite des Trapezes steht.

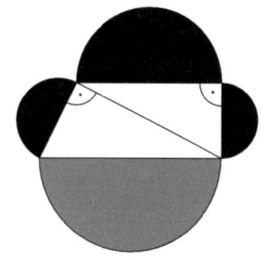

Abb. 17.1: Zeichnung zu P1

Problem 2 (P2) nach LIETZMANN (1963):

In dieser Figur ist zusätzlich zu dem mit fetten Linien gezeichneten so genannten Kreisbogenvieleck mit einem dünnen Stift ein Vollkreis eingezeichnet worden.

Beweisen Sie, dass dieser Kreis flächengleich zu dem Kreisbogenvieleck ist!

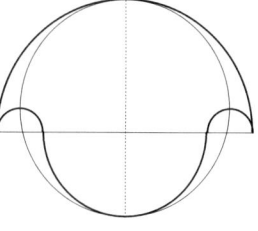

Abb. 17.2: Zeichnung zu P2

Problem 3 (P3):

Die Abbildung zeigt ein Achteck mit sämtlich gleich langen Seiten und sämtlich gleich großen Winkel. Zeigen Sie, dass sich der Flächeninhalt des Achtecks mit der Formel $A = 2a^2 \cdot \left(1 + \sqrt{2}\right)$ berechnen lässt.

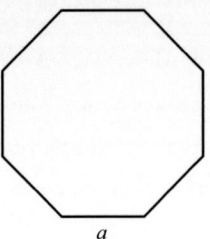

Abb. 17.3: Zeichnung zu P3

Problem 4 (P4) nach HEINRICH (2005):

Die Abbildung zeigt einen so genannten Fünfstern. Die grau eingezeichneten Winkel sind die Innenwinkel des Fünfsterns. Beweisen Sie, dass die Summe der Innenwinkel 180° beträgt!

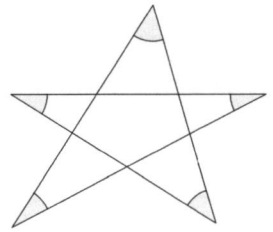

Abb. 17.4: Zeichnung zu P4

Problem 5 (P5) nach JAINTA (1997):

In einem Dreieck ABC gelte: $\gamma = 2\alpha$. Zeigen Sie: Zwischen den drei Seitenlängen a, b und c besteht die Beziehung $c^2 = a \cdot (a+b)$.

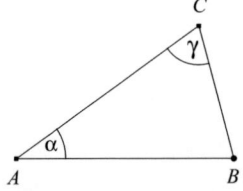

Abb. 17.5: Zeichnung zu P5

(entnommen aus: JUSKOWIAK, 2012/2013)

5.1.3 Methodologie

Zur Gewinnung der Rohdaten wurden die Probanden zu jeweils fünf Sitzungen im Abstand von ungefähr zwei Wochen (mit einigen ferienbedingten Ausnahmen) eingeladen. Die Bearbeitungszeit pro Problem lag bei 60 Minuten. Während dieser 60 Minuten befanden sich die Probanden in einem speziell dafür eingerichteten Raum der Universität, dem sogenannten *Medienlabor* (ein vorzeitiger Abbruch der Sitzung durch die Probanden selbst war möglich). Ihre Problembearbeitungen wurden dabei videographisch festgehalten. Um die Anonymität der Probanden zu wahren, wurde der entsprechende Videoausschnitt so gewählt, dass lediglich die schriftlichen Aufzeichnungen sichtbar waren. Hierzu saßen die Probanden an einem Tisch, über dem eine Videokamera angebracht war, das „Blickfeld" der Kamera wurde auf dem Tisch entsprechend gekennzeichnet.

Abb. 18.1: Versuchsperson während der Problembearbeitung

(entnommen aus Juskowiak, 2012/2013)

Zur Bearbeitung der Probleme erhielten die Probanden eine genügende Anzahl an identischen DIN A3 Papieren, auf denen sich die Formulierung des Problems, sowie ausreichend Platz für die schriftlichen Aufzeichnungen befand. Sie wurden gebeten, möglichst groß und sauber zu schreiben, damit ihre Verschriftlichungen auf den Videoaufzeichnungen gut lesbar bleiben, sowie verschiedene Schreibutensilien. Als zusätzliche Hilfsmittel wurden ihnen ein elektronischer, nicht programmierbarer Taschenrechner (Modell Casio fx-82 solar), in den sie vorher eingehend eingewiesen wurden, eine Formelsammlung, ein Zirkel, ein Lineal und ein Geometrie-Dreieck zur Verfügung gestellt.

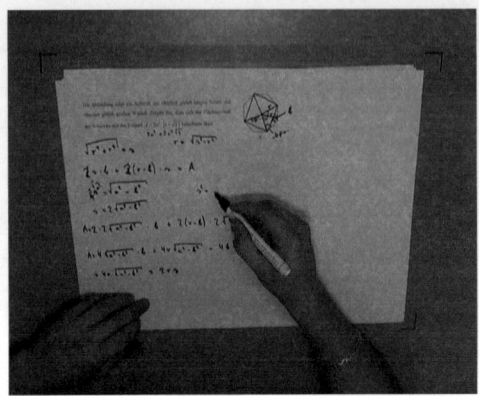

Abb. 18.2: Screenshot des Videos einer Versuchsperson bei der Bearbeitung von P3

(entnommen aus JUSKOWIAK, 2012/2013)

Während der Problembearbeitung wurden die Probanden gebeten, ihre Gedanken laut zu äußern, da dies für den späteren Nachvollzug mathematischer Handlungen sehr von Bedeutung ist. Das *Prinzip des lauten Denkens* spielt hierbei, wie der Name schon sagt, eine zentrale Rolle.

„Die Methode des `lauten Denkens´ wurde ab 1907 von BÜHLER und KÜLPE in Deutschland und um 1917 von CLAPARÈDE in Frankreich entwickelt, um zu erforschen, welche kognitiven Prozesse sich beim Lösen von Problemen abspielen (vgl. HEINRICH 2004, S. 171; WEIDLE / WAGNER 1982, S. 84)."[81]

MEY/MRUCK unterscheiden hierbei zwischen drei verschiedenen Formen, der *Introspektion* (augenblickliche Verbalisierung), der *unmittelbaren Restrospektion* (zeitlich unmittelbar nachfolgende Verbalisierung) und der *verzögerten Retrospektion* (zeitlich verzögerte Verbalisierung)[82]. Innerhalb dieser Studie wurden alle drei Formen dokumentiert, sofern die Probanden sie äußerten[83].

Um die Verwendung des lauten Denkens zu initiieren, wurde den Probanden vor Beginn der Videoaufzeichnung, zusätzlich zur mündlichen Erläuterung, die folgende Instruktion vorgelegt.

---

[81] Juskowiak, 2012/2013
[82] Mey/Mruck, 2010, zitiert nach Juskowiak 2012/2013
[83] Die dritte Form der verzögerten Retrospektion wurde im Anschluss an die Videoaufzeichnungen dokumentiert.

> **Instruktionen zur Videoaufzeichnung**
>
> Bitte versuchen Sie, das Ihnen vorgelegte mathematische Problem „auf natürliche Weise" zu lösen.
> Sie haben dazu 60 Minuten Zeit.
> Sprechen Sie dabei bitte zu Ihren Lösungsbemühungen und Überlegungen.
> Nehmen Sie beim Bearbeiten des Problems möglichst den Kopf nicht zu weit nach vorne.
> Sie können bei Bedarf einen nicht programmierbaren Taschenrechner und eine Formelsammlung verwenden.

(entnommen aus Juskowiak, 2013)

Da die ungewohnte Arbeitsumgebung, gerade zu Beginn der Sitzungen, eventuell die Arbeitsergebnisse beeinflussen könnte, wurden zur Auswertung lediglich die dritte bis fünfte Sitzung herangezogen. Nach Abschluss der Sitzungen wurden die Probanden ferner anhand eines Fragebogens nach dem Grad der von ihnen empfundenen Ablenkung sowohl aufgrund der Arbeitsumgebung als auch aufgrund des lauten Denkens befragt (Fragebögen inklusive Auswertung, siehe Anhang).

Die Auswertungen dieser Fragebögen lassen den Schluss zu, dass die Ablenkung während der Problembearbeitungsprozesse eher gering bis vertretbar war.

Direkt im Anschluss an die jeweiligen Videoaufzeichnungen wurde mit den Probanden eine Audioaufzeichnung (Audioreflexion) durchgeführt, während derer sie die Videoaufzeichnung der Problembearbeitung auf einem Fernseher verfolgten und ihr Vorgehen, ebenfalls unter Verwendung des lauten Denkens, kommentieren sollten. Diese Aufzeichnungen lassen die Form der *verzögerten Retrospektion* zu und ermöglichen dabei einen erweiterten Zugang zu Handlungsintentionen der Probanden. Im Vorfeld dieser Audioaufzeichnungen wurde den Probanden, analog zur Videoaufzeichnung, eine schriftliche Instruktion vorgelegt.

> **Instruktion zur Audioaufzeichnung (Audioreflexion)**
>
> Sie betrachten den Videomitschnitt Ihrer Problemlösebemühungen. Sobald die Videoaufzeichnung beginnt, sprechen Sie bitte deutlich die Worte „Beginn der Audioreflexion".
> Kommentieren Sie sodann Ihr Lösungsvorgehen. Formulieren Sie Ihre Gedanken, die Ihnen beim Betrachten der Aufzeichnungen kommen.

(entnommen aus Juskowiak, 2012/2013)

Die Audioaufzeichnungen haben ebenfalls im Medienlabor stattgefunden, während der Aufzeichnungen waren die Probanden allein im Raum.

Abb. 18.3: Versuchsperson während der Audioreflexion

(entnommen aus JUSKOWIAK, 2012/2013)

Nach dem Prozess der Gewinnung der Rohdaten sind diese für die Analysen entsprechend aufgearbeitet worden. Hierfür wurden sowohl die Video- als auch die Audioaufzeichnung von studentischen Hilfskräften verschriftlicht, also transkribiert[84]. Ebenso wurden für den Bearbeitungsvorgang relevante Handlungen, wie das Verwenden von Hilfsmitteln oder das Zeichnen / zeichnerische Erweitern von Skizzen mit in die Transkripte aufgenommen. Alle in die Transkripte aufgenommenen Äußerungen und Handlungen wurden hierbei, nach Ermessen der transkribierenden Person, mit dem entsprechenden Zeitcode [min:sec] der Video- bzw. Audioaufzeichnung versehen. Es entstanden somit tabellarische Transkripte, wie das folgende Beispiel zeigt.

---

[84] *Näheres zur Vorgehensweise des Transkribierens findet sich in:* Juskowiak, 2012/2013.

00:00	[...]
12:48	Oh, man.
13:45	Wir nehmen uns einfach diesen Kram nochmal kurz. Also das heißt, dass $3\alpha + \beta$ ja auf jeden Fall 180° zusammen sein müssen. Jetzt gucken wir mal. Können wir damit aus diesem diese Formel ableiten? Das hieße dann ja, dass $b - 2\cos\gamma = 0$ sein muss. / Oder? Ja, ne? Ja. //// Was passiert denn, wenn ich $\frac{c}{\sin\gamma} = \frac{b}{\sin\beta}$?
15:47	Was könnte man denn hier noch? [blättert in der Formelsammlung nach]
16:43	Wir probieren einfach mal die schnöde Rechenvariante. Sagen wir einfach [greift zum Taschenrechner]
17:24	Sagen wir einfach mal $\alpha = 35°$. Das hieße, dass $\gamma = 2\alpha = 70°$ und das hieße, dass $\beta = 180° - \alpha - \gamma = 180° - 105° = 75°$. Sagen wir einfach mal $a = 3cm$. So und jetzt gucken wir mal. Also $\frac{a}{\sin\alpha} = \frac{b}{\sin\beta}$. Es folgt $\frac{3}{\sin 35} = \frac{b}{\sin 75°}$. Wenn wir das ganze jetzt kreuzweise ausmultiplizieren, folgt daraus, dass $b = \frac{3 \cdot \sin 75°}{\sin 35}$. Also 3, ne sin von 75 so, mal 3, geteilt durch 35 sin. Kann nicht sein, oder? [„Ausdruck undeutlich"].
19:58	[...]

(entnommen aus JUSKOWIAK, 2012/2013)

Des Weiteren stehen zur Auswertung auch Kopien der DIN A3 Vorlagen zur Verfügung, auf denen die Probanden ihre Arbeitsschritte schriftlich festgehalten haben.

5.2 Teilausschnitt der Studie

Für das Analysevorgehen innerhalb dieser Arbeit, habe ich mich aus Reduktionsgründen dafür entschieden, nicht die ganze Fülle des Datenmaterials der zuvor beschriebenen Studie zu verwenden, sondern lediglich einen Teilausschnitt daraus. Worin dieser Teilausschnitt besteht möchte ich im Folgenden kurz erläutern.

5.2.1 Die Probanden

Insgesamt haben wie beschrieben 16 Probanden an der Studie teilgenommen. Da eine Analyse aller Probanden aber den Rahmen der Masterarbeit sprengen würde, werde ich mich auf insgesamt fünf von ihnen konzentrieren. Ich habe sie nach Kriterien potentieller

Ergiebigkeit für das Untersuchungsziel ausgewählt. Aus Anonymitätsgründen werde ich sie im Zuge der Untersuchungen nicht mit Namen erwähnen, sondern mit einer ihnen zugeteilten Nummer. Da ich mich zuvor auch mit allen elf anderen Probanden beschäftigt habe, habe ich beschlossen, sie auch in dieser Arbeit mit ihrer aus der Studie stammenden laufenden Nummer zu bezeichnen, um Irritationen zu vermeiden. Es handelt sich also um die Versuchspersonen VP1, VP2, VP11, VP13 und VP14. Das Geschlechterverhältnis zwischen ihnen ist nahezu ausgewogen (zwei davon sind weiblich, drei sind männlich), wird aber in dieser Arbeit nicht weiter berücksichtigt.

5.2.2 Das Problem

Ebenso wie bei den Probanden, habe ich auch die Breite der bearbeiteten Probleme reduziert. Aus den verwertbaren Bearbeitungen der letzten drei Probleme habe ich mir das Problem 4 als Untersuchungsgegenstand herausgesucht. Grund dafür sind hauptsächlich persönliche Präferenzen.

Zur besseren Nachvollziehbarkeit der jeweiligen Bearbeitungen der Probanden sei das Problem an dieser Stelle noch einmal detailliert vorgestellt, sowie auch zwei *mögliche* Lösungswege skizziert. Diese sind ebenfalls aus JUSKOWIAK (2012/2013) entnommen.

Die Aufgabenstellung, die auf den Arbeitszetteln der Probanden abgedruckt war lautete wie folgt:

Problem 4 (P4) nach HEINRICH (2005):

Die Abbildung zeigt einen so genannten Fünfstern. Die grau eingezeichneten Winkel sind die Innenwinkel des Fünfsterns. Beweisen Sie, dass die Summe der Innenwinkel 180° beträgt!

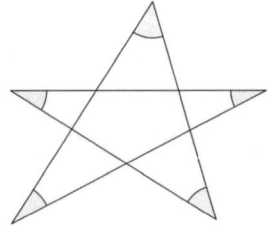

Abb. 19.1: Zeichnung zu P4

(entnommen aus JUSKOWIAK, 2012/2013)

1. Lösungsmöglichkeit:

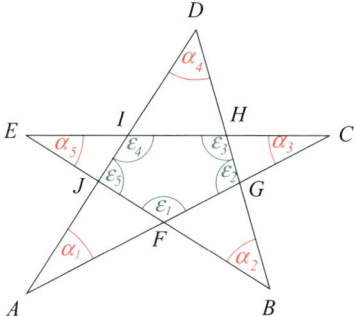

Abb. 19.2: Bezeichnungen zur Lösungsmöglichkeit 1 für P4

(entnommen aus Juskowiak, 2012/2013)

Bezeichnet man den Fünfstern gemäß der obigen Skizze, so lassen sich in den Fünfstern insgesamt fünf Dreiecke einzeichnen, sodass alle gesuchten Innenwinkel des Fünfsterns von ihnen abgedeckt werden, sowie auch alle Innenwinkel des innen liegenden Fünfecks. Dies sind die Dreiecke ΔACI, ΔBDJ, ΔCEF, ΔDAG und ΔEBH.

Durch die Innenwinkelsumme im Dreieck lassen sich nun fünf Gleichungen aufstellen:

$$\Delta ACI:\quad 180° = \alpha_1 + \alpha_3 + \varepsilon_4$$
$$\Delta BDJ:\quad 180° = \alpha_2 + \alpha_4 + \varepsilon_5$$
$$\Delta CEF:\quad 180° = \alpha_3 + \alpha_5 + \varepsilon_1$$
$$\Delta DAG:\quad 180° = \alpha_4 + \alpha_1 + \varepsilon_2$$
$$\Delta EBH:\quad 180° = \alpha_5 + \alpha_2 + \varepsilon_3$$

Addiert man nun alle fünf Gleichungen, so lassen sie sich schließlich so zusammenfassen, dass neben der gesuchten Innenwinkelsumme des Fünfsterns auch die Innenwinkelsumme des innen liegenden Fünfecks ergibt.

$$\begin{aligned}5 \cdot 180° &= \alpha_1 + \alpha_3 + \varepsilon_4 + \alpha_2 + \alpha_4 + \varepsilon_5 + \alpha_3 + \alpha_5 + \varepsilon_1 + \alpha_4 + \alpha_1 + \varepsilon_2 + \alpha_5 + \alpha_2 + \varepsilon_3 \\ &= 2\alpha_1 + 2\alpha_2 + 2\alpha_3 + 2\alpha_4 + 2\alpha_5 + \varepsilon_1 + \varepsilon_2 + \varepsilon_3 + \varepsilon_4 + \varepsilon_5 \\ &= 2 \cdot \sum_{i=1}^{5} \alpha_i + \sum_{i=1}^{5} \varepsilon_i\end{aligned}$$

Für die Summe der Innenwinkel des Fünfecks ergibt sich: $\sum_{i=1}^{5} \varepsilon_i = (5-2) \cdot 180° = 3 \cdot 180°$.

Und setzt man dies nun in die obige Gleichung ein, so erhält man:

$$2 \cdot \sum_{i=1}^{5} \alpha_i + 3 \cdot 180° = 5 \cdot 180° \Leftrightarrow 2 \cdot \sum_{i=1}^{5} \alpha_i = 2 \cdot 180° \Leftrightarrow \sum_{i=1}^{5} \alpha_i = 180°$$

2. Lösungsmöglichkeit:

Abb. 19.3: Visualisierung der Lösungsmöglichkeit 2 für P4

(entnommen aus JUSKOWIAK, 2012/2013)

Betrachtet man den Fünfstern als eine Figur, die sich aus einem Fünfeck (hier grün eingefärbt) und fünf ihm aufgesetzten Dreiecken (hier rot eingefärbt) besteht, so lässt sich die Summe der Innenwinkel der Fünfsterns auch durch die Ausnutzung der Nebenwinkel berechnen.

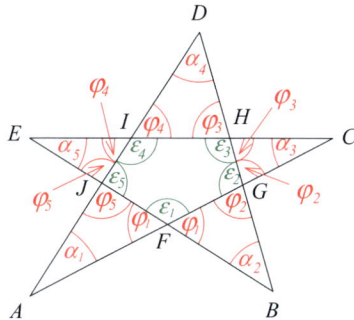

Abb. 19.4: Bezeichnungen zur Lösungsmöglichkeit 2 für P4

(entnommen aus JUSKOWIAK, 2012/2013)

Hierzu wird zum einen die Innenwinkelsumme im Dreieck verwendet, sowie die Eigenschaft, dass es sich bei den mit φ₁, φ₂, … gekennzeichneten Winkelpaaren um (gleichgroße) Scheitelwinkel handelt, sowie bei den Winkelpaaren φ₁ und ε₁, φ₂ und ε₂, … um Nebenwinkel, die sich zu 180° ergänzen.

Addiert man nun im ersten Schritt die Winkelsummen aller aufgesetzten Dreiecke, so erhält man:

(I) $\sum_{i=1}^{5} \alpha_i + 2 \cdot \sum_{i=1}^{5} \varphi_i = 5 \cdot 180°$

Daraus folgt für die Innenwinkelsumme des Fünfsterns:

$$\sum_{i=1}^{5} \alpha_i = 5 \cdot 180° - 2 \cdot \sum_{i=1}^{5} \varphi_i$$

Die Summe der übrigen Winkel φ_i ($i = 1, \ldots, 5$) kann man durch Verwendung der Nebenwinkeleigenschaft $\varphi_i + \varepsilon_i = 180°$ bzw. $\varphi_i = 180° - \varepsilon_i$ durch die Summe der Winkel ε_i ($i = 1, \ldots, 5$), welche hier wieder die Innenwinkelsumme im Fünfeck ist, ausdrücken.

$$\sum_{i=1}^{5} \varphi_i = \sum_{i=1}^{5} (180° - \varepsilon_i) = 5 \cdot 180° - \sum_{i=1}^{5} \varepsilon_i = 5 \cdot 180° - 3 \cdot 180° = 2 \cdot 180°$$

Setzt man dies nun in Gleichung (I) ein, so ergibt sich:

$$\sum_{i=1}^{5} \alpha_i = 5 \cdot 180° - 4 \cdot 180° = 180°$$

□

6 Analyse der Bearbeitungsprozesse

6.1 Zur Darstellung und Analyse der Bearbeitungsverläufe unter besonderer Berücksichtigung des Wechsels von Lösungsanläufen

Zur Analyse der vorliegenden Bearbeitungsprozesse werden sowohl die Video- und die Audioaufzeichnungen, sowie ihre Transkripte, herangezogen, als auch die Arbeitsbögen, auf denen die Versuchspersonen ihre Lösungswege festgehalten haben.

Der Analyseprozess teilt sich hierbei in vier Schritte auf:

1. *Rekonstruktion* (des Bearbeitungsprozesses), d.h. Nachzeichnen des Bearbeitungsgangs
2. *Identifizieren* (der jeweiligen Wechsel)
3. *Charakterisieren* (der jeweiligen Wechsel)
4. *Bewerten* (von Wechselverhalten)

Diesen vier Schritten liegen teilweise schon gewisse Interpretationsansätze zugrunde (besonders Schritt 1 bis 3). An dieser Stelle sei hier dazu der Hinweis gegeben, dass sowohl die Vorüberlegungen zum strukturierten Nachzeichnen der Bearbeitungsprozesse, sowie auch zur Identifikation und ansatzweise zur Charakterisierung von Wechseln im Sinne der *konsensuellen Validierung* entstanden sind[85].

> „Die konsensuelle Validierung beruht darauf, dass subjektive Sichtweisen durch die Beteiligung mehrerer Interpreten an der Auswertung der vorliegenden Materialien in einem konstruktiven Dialog erhärtet werden. Können sich mehrere Personen, bezogen auf die hier durchgeführten Erkundungen, auf die Deutung und/oder Bedeutung eines Abschnittes in den Äußerungen und Handlungen einer Versuchsperson für den weiteren Problembearbeitungsgang einigen, gilt dies u. a. laut BORTZ / DÖRING (2009, S. 328) als Indiz für deren Validität."[86]

Die konsensuelle Validierung im Rahmen dieser Arbeit hat zumeist aus einer Diskussionsrunde von drei Personen bestanden, in der individuell gewonnene Erkenntnisse bezüglich

---

[85] *Weitere Ausführungen zum Prinzip der konsensuellen Validierung finden sich in* Maier, 1991 *sowie in* Bortz / Döring, 2009, S. 328
[86] Juskowiak, 2012/2013

der Bearbeitungsprozesse bzw. Wechselsituationen ausführlich dargelegt und diskutiert wurden, sodass sich einzelne Vermutungen und Erkenntnisse erhärten konnten[87].

Zur Rekonstruktion eines Bearbeitungsprozesses:

Zum besseren Verständnis des Bearbeitungsprozesses, wird dieser zunächst in Form eines Fließtextes, unterstützt durch die jeweiligen schriftlichen Ausarbeitungen der Versuchspersonen, beschrieben. Im Anschluss wird er, der Übersicht halber, in einem Flussdiagramm dargestellt. Diese Flussdiagramme stellen die einzelnen Arbeitsschritte in einem zeitlichen Verlauf schon in geordneter Form dar, sodass sich die für die Fragestellung relevanten Aspekte leichter entnehmen lassen.

Die Niederschriften der Versuchspersonen wurden von der Autorin zudem in zusammenhängende Abschnitte eingeteilt, die jeweils verschiedenen Lösungsanläufen zugehörig sind.

Zum Identifizieren der jeweiligen Wechsel:

Für die Identifikation eines Wechsels werden hier hauptsächlich die geordneten Flussdiagramme genutzt. Diese sind zum Teil schon so angelegt, dass eine Wechselsituation relativ eindeutig zu identifizieren ist. Die Lokalisierung solcher Wechsel wurde weitestgehend im Sinne der konsensuellen Validierung bestätigt, sofern sie hier genannt werden. Eventuelle divergente Ansichten darüber, ob an einer Stelle ein Wechsel vorliegt oder nicht, werden aber ebenfalls angeführt.

Zum Charakterisieren:

Der Wechsel eines Lösungsanlaufes weist eine derartige Vielzahl an Facetten auf, sodass es weit über den Rahmen dieser Arbeit hinausliefe, sie alle zu durchleuchten. Ich werde mich deshalb bei der Charakterisierung der Wechsel auf zwei prägnante Merkmale beschränken:

Zur Auswertung:

Die Auswertung der Befunde wird hier in zwei Schritten vorgenommen. Im ersten Schritt werden die Ergebnisse der Analysen der einzelnen Versuchspersonen gedeutet, um so jeweilige Besonderheiten herauszuarbeiten. Im Fokus steht hier zunächst eher eine lokale

---

[87] *Zu diesen Personen gehörten neben der Autorin noch* Prof. Dr. Frank Heinrich, *Universitätsprofessor für Didaktik der Mathematik an der TU Braunschweig, sowie* StD Dietmar Scholz, *Gymnasiallehrer für Mathematik und Schulleitungsmitglied des Werner-von-Siemens-Gymnasiums, Bad Harzburg.*

Betrachtung der auftretenden Wechsel. In einem zweiten Schritt werden diese individuellen Befunde in Beziehung zueinander gesetzt, um Gemeinsamkeiten bzw. Unterschiede zu untersuchen und zu einer globalen Betrachtung des Wechselverhaltens zu gelangen.

Ferner sei hier angemerkt, dass die Identifikation und die Charakterisierung auch nach der konsensuellen Validierung in einem gewissen Grad spekulativ bleiben.

6.2 Beschreibung und Analyse der Bearbeitungsprozesse

6.2.1.a Beschreibung der Bearbeitung von Versuchsperson 1

Versuchsperson 1 (im Folgenden mit VP1 abgekürzt) beginnt ihren Bearbeitungsprozess damit, dass sie das Problem aufmerksam durchliest und nochmal mit eigenen Worten laut wiederholt. Daraufhin formuliert sie sogleich den Gedanken, dass auch in einem Dreieck die Winkelsumme 180° beträgt und vervollständigt die Skizze zu einem Dreieck (vgl. I), indem sie zwei benachbarte Sternspitzen miteinander verbindet. In dem so entstandenen Dreieck gilt ja nun, dass die Innenwinkelsumme 180° beträgt. In Anlehnung daran, formuliert sie die Absicht, zu beweisen, dass die „übrigen Winkel" (in der Skizze später mit ε und γ bezeichnet) den Basiswinkeln (später mit α und β bezeichnet) entsprechen. Hierfür vermutet sie eine Parallelität zwischen der Grundseite des eingezeichneten Dreiecks und der entsprechenden Diagonale des Fünfsterns. Allerdings kommt sie zu der Vermutung, dass die scheinbare Parallelität in dieser Skizze nur zufällig vorhanden sein könnte, und versetzt deshalb eine Spitze des Sterns um einige Zentimeter. Sie erkennt, dass die nun entstandene Diagonale nicht mehr parallel zur Dreieckseite ist und verwirft ihr Vorhaben.

| 06:03 | [schiebt das Geodreieck in der Skizze hin und her] Hier nochmal ganz deutlich gezeigt, dass die gegenüberliegenden Linien nicht parallel sind. Also der, den Ansatz kann ich schon mal auf gar keinen Fall weiterverfolgen, wie man auch hier sieht. //////////// | |

(Tab. 1.1: Auszug aus dem Videotransript von VP1)

(In den Transkripten rot Hervorgehobenes wird als Beleg für Interpretationen herangezogen.)

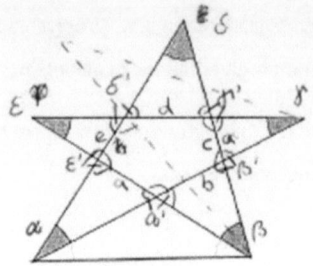

Abb. 20.1: Ausschnitt aus der Bearbeitung von VP1

Da sie zunächst nicht weiß, wie sie weiter verfahren soll, sucht sie in der Formelsammlung Informationen zum Thema Innenwinkelsummen, findet jedoch nichts. Daraufhin benennt sie die Innenwinkel des Fünfsterns mit α, β, γ, δ, und ε, sowie die dessen Diagonalen mit a, b, c, d und e (Zweiteres findet in ihrem Bearbeitungsprozess jedoch keine weitere Verwendung).

Sie betrachtet nun die aufgesetzten Dreiecke und erkennt, dass diese jeweils zwei Winkel beinhalten, die im benachbarten Dreieck einen gleichgroßen Scheitelwinkel haben. Ein solches Dreieck zeichnet sie nun in einer neuen Skizze (vgl. II), vervollständigt diese zum Fünfstern und benennt einige Sternspitzen mit α, β und ε, sowie die entsprechenden Scheitelwinkel mit α´ und ε´.

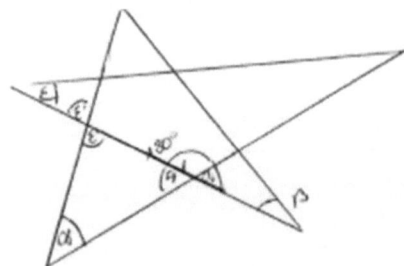

Abb. 20.2: Ausschnitt aus der Bearbeitung von VP1

Bezüglich dieses gesondert herausgegriffenen Dreiecks formuliert sie die Gleichung:

$$\alpha + \alpha´ + \varepsilon´ = 180°$$

Des Weiteren schreibt sie die Behauptung auf.

Sie entscheidet nun, das Vorgehen für das erste aufgesetzte Dreieck ebenso für alle anderen aufgesetzten Dreiecke durchzuführen und stellt so nun, nach Benennung der übrigen Winkel in der Ausgangsskizze (I), insgesamt fünf Gleichungen auf:

$$\alpha + \alpha' + \varepsilon' = 180°$$
$$\beta + \alpha' + \beta' = 180°$$
$$\gamma + \beta' + \gamma' = 180°$$
$$\delta + \gamma' + \delta' = 180°$$
$$\varepsilon + \delta' + \varepsilon' = 180°$$

Nun löst sie die erste Gleichung nach α´ auf $\alpha + \alpha' + \varepsilon' = 180° \Leftrightarrow \alpha' = 180° - \alpha - \varepsilon'$ und setzt den gefundenen Term in der zweiten Gleichung für α´ ein. Dies macht sie anschließend sukzessive mit allen weiteren Gleichungen.

Das Ergebnis ihres Umformungs- und Einsetzungsprozesses ist eine Gleichung, die nicht der Behauptung entspricht, und die sie auch gleich als falsch identifiziert:

$$\varepsilon + \delta - \gamma + \beta - \alpha = 180°$$

Da in ihrem Endergebnis aber alle gesuchten Winkel und die 180° vorkommen, vermutet sie, sich an irgendeiner Stelle mit den Vorzeichen verrechnet zu haben und beschließt das Verfahren noch einmal analog auf einem neuen Blatt durchzuführen. Hierfür zeichnet sie sich zunächst eine neue, vergrößerte Skizze (vgl. III).

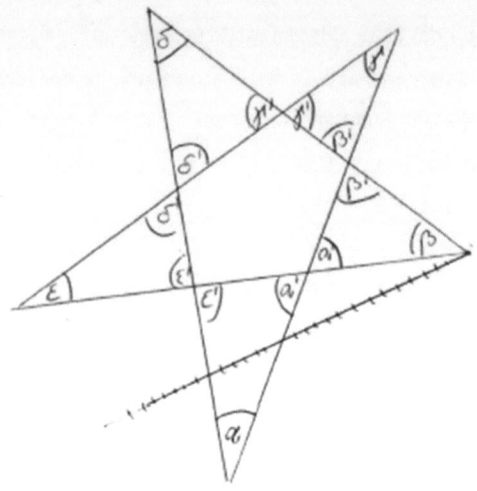

Abb. 20.3: Ausschnitt aus der Bearbeitung von VP1

Die Rechnungen führt sie vom Vorgehen her analog zu den ersten durch. Dazu stellt sie zunächst die fünf Ausgangsgleichungen auf (diesmal jedoch nummeriert).

$$\begin{aligned} \text{I} \quad & \alpha + \alpha' + \varepsilon' = 180° \\ \text{II} \quad & \beta + \alpha' + \beta' = 180° \\ \text{III} \quad & \gamma + \beta' + \gamma' = 180° \\ \text{IV} \quad & \delta + \gamma' + \delta' = 180° \\ \text{V} \quad & \varepsilon + \delta' + \varepsilon' = 180° \end{aligned}$$

Sie stellt nun wieder die erste Gleichung nach α' um und setzt dies in die zweite Gleichung ein, usw.

Beim Vergleich der beiden Ergebnisse, fällt ihr auf, dass sie nun $2\varepsilon'$ in der Gleichung stehen hat, die dort vorher nicht vorkamen. Sie vergleicht daraufhin die einzelnen Rechenschritte miteinander und findet in dem Schritt, in dem sie nach δ' auflöst, den Unterschied in den Vorzeichen. Sie führt diesen Rechenschritt daraufhin erneut aus (vgl. IV) und identifiziert einen Rechenfehler in der Umformung aus I.

Sie überlegt nun, warum sie mit dem zweiten Rechenverfahren trotzdem eine falsche Lösung erhält, kommt aber nicht auf den Fehler. Sie vermutet allerdings, eher einen Fehler in den konkreten Rechnungsschritten.

Sie entscheidet sich, mit den Ausgangsgleichungen I – V weitere Rechenschritte durchzuführen, indem sie sie (relativ wahllos) miteinander gleich- und ineinander einsetzt (vgl. V).

Da auch am Ende dieses Rechenweges nicht das gewünschte Ergebnis vorliegt, markiert die Versuchsperson in diesem und dem Ergebnis aus III die „störenden" Stellen mit einem roten Filzstift. Sie äußert mehrfach, dass sie nicht weiß, wo ihr Fehler liegt und verbalisiert nochmal die Situation.

| 51:23 | Hm, mein Denkansatz war ja, dass ich fünf Gleichungen aufstelle. Damit natürlich auch mehr als fünf Variablen. Wobei ich fünf Variablen habe, die weg müssen, und fünf, die drin bleiben müssen. Das Problem ist, dass ich das irgendwie nicht schaffe. ///////////////// | |

(Tab. 1.2: Auszug aus dem Videotranskript von VP1)

Sie entscheidet nun, die Ergebnisse aus den beiden vorherigen Rechnungen (vgl. IV und V) gleichzusetzen (vgl. VI). Und setzt nun noch für δ' den entsprechenden Term aus III ein.

An dieser Stelle fällt ihr jedoch auf, dass dieser Ausdruck durch 2 geteilt das Gleiche Ergebnis liefert, wie ihre Rechnung aus III und streicht die letzte Zeile wieder durch.

In einem letzten Schritt (vgl. VII) schreibt sie nun noch einmal die Behauptung auf und ersetzt die Variablen durch die Terme aus III.

Danach ist die Bearbeitungszeit von 60 Minuten jedoch abgelaufen. Sie kommt zu keiner Lösung.

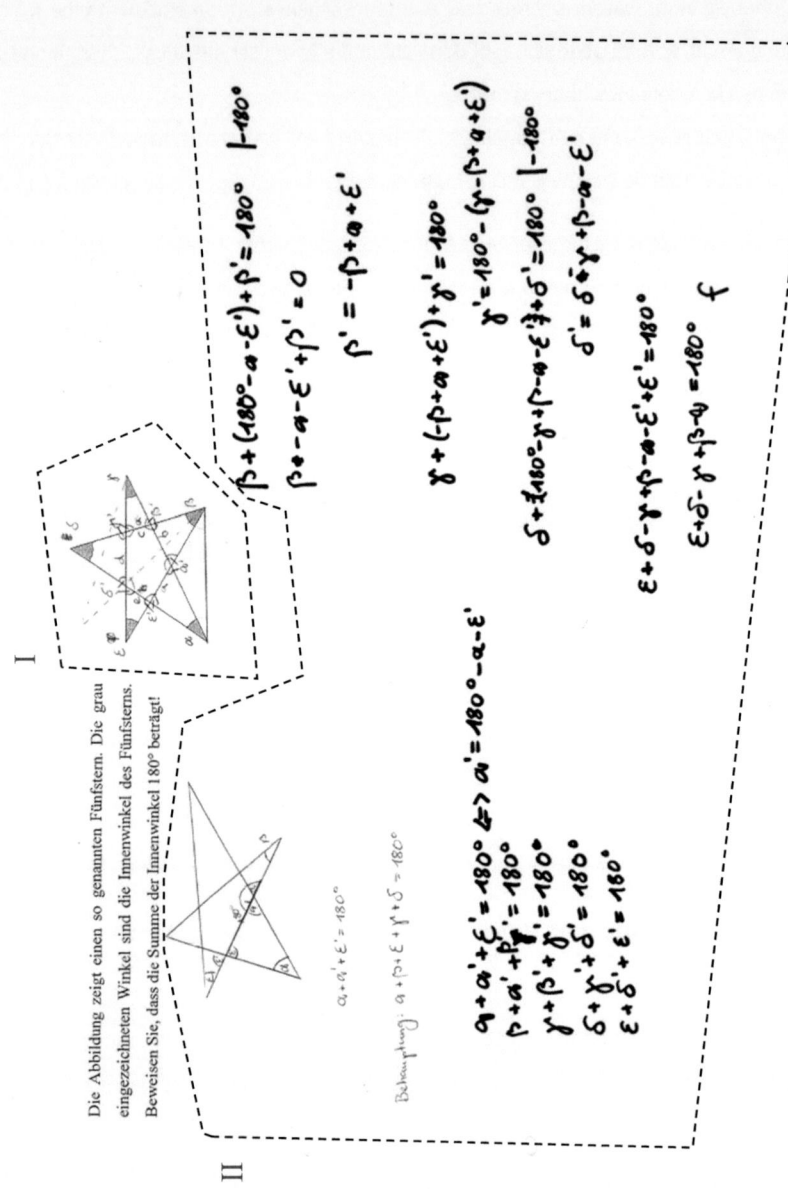

Abb. 21.1: Bearbeitungsbogen 1 der VP1

Die Abbildung zeigt einen so genannten Fünfstern. Die grau eingezeichneten Winkel sind die Innenwinkel des Fünfsterns. Beweisen Sie, dass die Summe der Innenwinkel 180° beträgt!

I $\alpha + \varepsilon' + \alpha' = 180°$
II $\beta + \alpha' + \beta' = 180°$
III $\gamma + \beta' + \gamma' = 180°$
IV $\delta + \gamma' + \delta' = 180°$
V $\varepsilon + \delta' + \varepsilon' = 180°$

$180° - \varepsilon - \varepsilon' = \delta'$

I $\alpha = 180° - \alpha^* - \varepsilon' = \alpha'$

II $(\beta + 180° - \alpha - \varepsilon') + \beta' = 180°$
    $\beta' = -(\beta - \alpha - \varepsilon') = -\beta + \alpha + \varepsilon'$

III $\gamma + (-\beta + \alpha + \varepsilon') + \gamma' = 180°$
    $\gamma' = 180° - (\gamma - \beta + \alpha + \varepsilon')$

IV $\delta + (180° - \gamma - \beta + \alpha - \varepsilon') + \delta' = 180°$
    $\delta' = 180° - (\delta + 180° - \gamma - \beta + \alpha - \varepsilon')$
    $= 180° - \delta - 180° + \gamma + \beta - \alpha + \varepsilon'$

V $\varepsilon + (-\delta + \gamma - \beta + \alpha + \varepsilon') + \varepsilon' = 180°$
   $\varepsilon - \delta + \gamma - \beta + \alpha + \boxed{2\varepsilon'} = 180°$

Abb. 21.2: Bearbeitungsbogen 2 der VP1

Die Abbildung zeigt einen so genannten Fünfstern. Die grau eingezeichneten Winkel sind die Innenwinkel des Fünfsterns. Beweisen Sie, dass die Summe der Innenwinkel 180° beträgt!

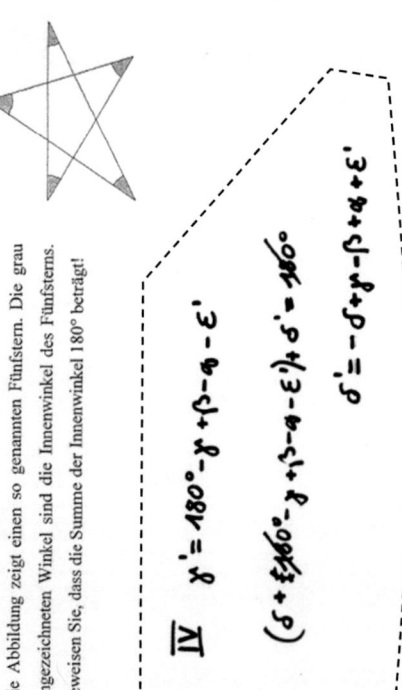

IV

IV $\delta' = 180° - \beta - \gamma - \epsilon'$

$\delta' = (360° - \beta - \gamma - \alpha - \epsilon) + \delta$

$\delta = -\alpha - \beta - \gamma + \delta + \epsilon.$

Abb. 21.3: Bearbeitungsbogen 3 der VP1

Die Abbildung zeigt einen so genannten Fünfstern. Die grau eingezeichneten Winkel sind die Innenwinkel des Fünfsterns. Beweisen Sie, dass die Summe der Innenwinkel 180° beträgt!

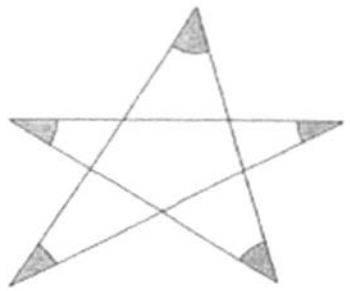

I = II: $\alpha + \varepsilon' + \alpha' = 180° = \beta + \alpha' + \zeta' \quad | -\alpha'$
$\alpha + \varepsilon' = \beta + \zeta'$
$\varepsilon' = \beta + \zeta' - \alpha$

in III: $\varepsilon + \delta' + \beta + \zeta' - \alpha = 180° = \beta + \zeta' + \gamma' \quad | -\beta - \zeta'$
$= $ III $\varepsilon + \delta' - \alpha = \gamma + \delta'$

in IV: $\delta + \varepsilon + \delta' + \gamma - \alpha - \beta + \delta' = 180° = \varepsilon + \delta' + \varepsilon'$
$\delta + \delta' - \alpha = \varepsilon'$

in V: $\varepsilon + \boxed{\delta'} + \boxed{\gamma'} + \boxed{\alpha'} + (\textcircled{\beta} + \textcircled{\zeta'} - \textcircled{\alpha}) = 180°$

VI

$\varepsilon - \delta + \gamma + \gamma - \beta + \alpha + 2\varepsilon' = \varepsilon + \delta + \beta - \alpha - \gamma + 2\delta'$
$\varepsilon - \delta + \gamma - \beta + \gamma - \beta + \alpha + 2\varepsilon' = \varepsilon + \delta + \beta - \alpha - \gamma + 2 \cdot (180° - \varepsilon - \varepsilon')$
$\varepsilon - \delta + \gamma - \beta + \gamma - \beta + \alpha + 2\varepsilon' = \varepsilon + \delta + \beta - \alpha - \gamma + 360° - 2\varepsilon - 2\varepsilon'$
$2\varepsilon - 2\delta - 2\beta + 4\gamma - 2\alpha + 4\varepsilon' = 360°$

Abb. 21.4: Bearbeitungsbogen 4 der VP1

Die Abbildung zeigt einen so genannten Fünfstern. Die grau eingezeichneten Winkel sind die Innenwinkel des Fünfsterns. Beweisen Sie, dass die Summe der Innenwinkel 180° beträgt!

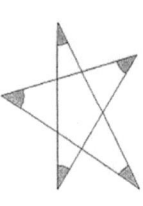

VII

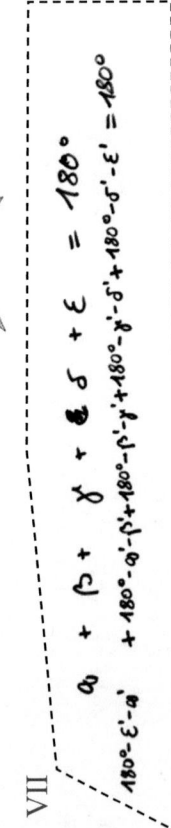

$\alpha + \beta + \gamma + \delta + \epsilon = 180°$

$180°-\epsilon-\alpha' + 180°-\alpha-\beta' + 180°-\beta'-\gamma' + 180°-\gamma'-\delta' + 180°-\delta'-\epsilon' = 180°$

Abb. 21.5: Bearbeitungsbogen 5 der VP1

6.2.1.b Analyse der Bearbeitung von Versuchsperson 1

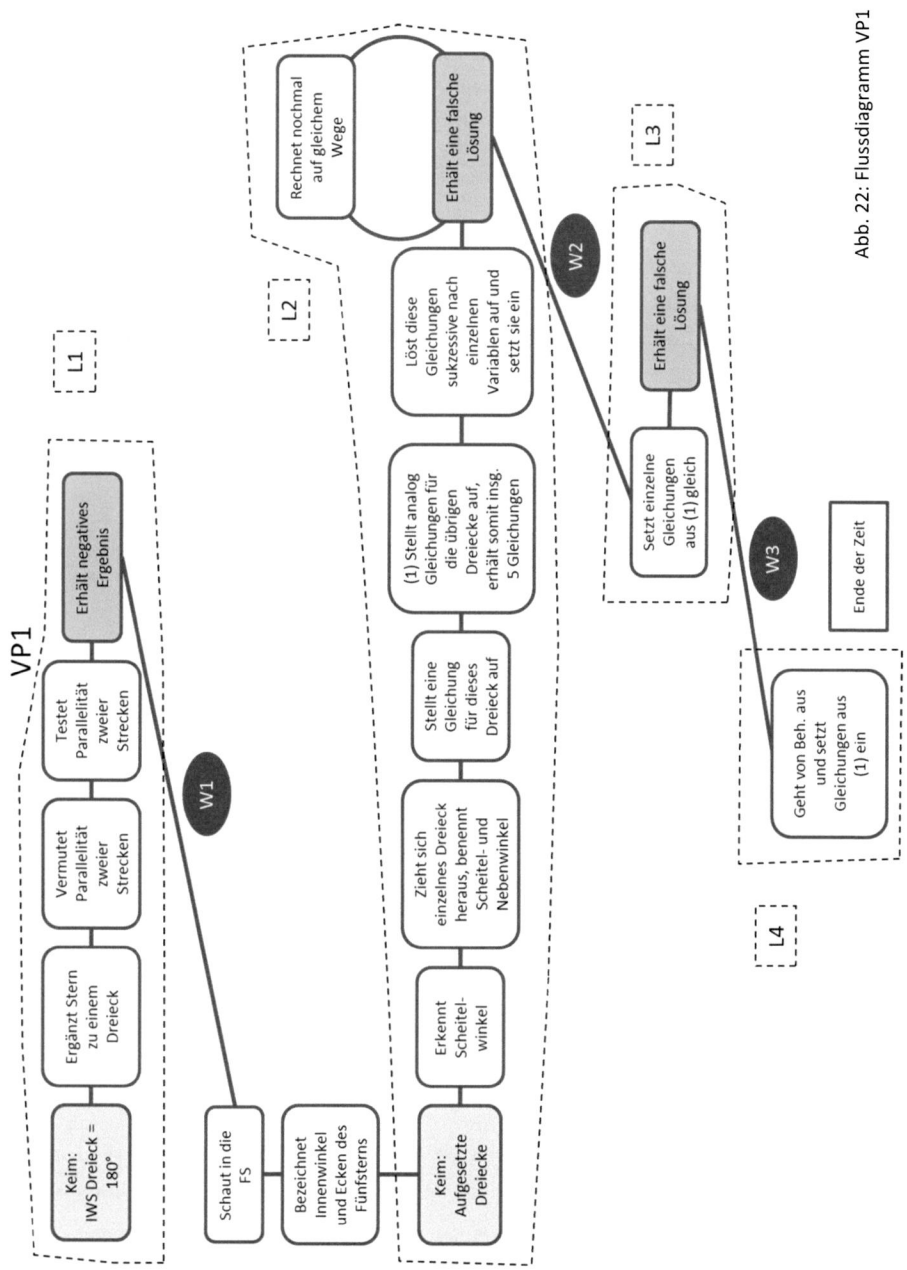

Abb. 22: Flussdiagramm VP1

Im Zuge der konsensuellen Validierung konnten insgesamt vier unterschiedliche Lösungsanläufe ([L1] – [L4]) ausgemacht werden. Dabei beruhen die letzten drei auf der Grundidee über die aufgesetzten Dreiecke des Fünfsterns. Die jeweiligen Lösungsanläufe, wie auch die Wechselstellen sind im Flussdiagramm (Abb. 20) gekennzeichnet.

Wechsel 1
Der erste Wechsel findet statt, als die Versuchsperson ihre erste Vermutung über die Parallelität zweier Linien durch das Verallgemeinern der Umstände widerlegt.

Als Anlass kann hierfür auch eben dieser Grund gesehen werden. Die Versuchsperson äußert selber innerhalb der Videoaufzeichnung, dass ihre anfängliche Vermutung nach dem Einzeichnen der versetzten Sternspitze, offensichtlich nicht mehr zutrifft und verbalisiert sogar ganz gezielt, dass sie diesen Ansatz nicht weiter verfolgen kann.

| 06:03 | [schiebt das Geodreieck in der Skizze hin und her] Hier nochmal ganz deutlich gezeigt, dass die gegenüberliegenden Linien nicht parallel sind. Also der, den Ansatz kann ich schon mal auf gar keinen Fall weiterverfolgen, wie man auch hier sieht. ///////////// | |

(Tab. 1.3: Auszug aus dem Videotranskript von VP1)

Orientieren wir uns hierbei an den identifizierten Wechselanlässen nach HEINRICH (2004) (vgl. Kapitel 3.2), könnte diese Art des Anlasses dem Anlass [A7] (Zweifel an der sachlichen Korrektheit von (Teil)ergebnissen, eingebrachten Inhalten und/oder gewählten bzw. bereits ausgeführten Maßnahmen oder Lösungsideen) zugeordnet werden, wobei der Ausdruck *Zweifel* hier zu seicht erscheint, da die Versuchsperson eher einen konkreten Widerspruch zur Annahme der Lösungsidee erfährt. Präziser träfe es hier der durch die Autorin ergänzte Anlass [A16] (Widerspruch innerhalb / Unkorrektheit eines (Teil)ergebnisses), da sie nicht nur die Vermutung über die Unkorrektheit äußert, sondern eine ganz klare Feststellung dessen.

Die Bestimmung des Inhalts eines Wechsels ist durchaus vielschichtiger. Das nächste, was die Versuchsperson tut, ist zwar, in die Formelsammlung zu schauen, um dort nach Informationen über Innenwinkelsummen zu suchen und anschließend die Benennung der Winkel, jedoch startet sie erst mit der Idee, aufgesetzte Dreiecke in der Figur zu betrachten, den nächsten Lösungsanlauf. Ein Lösungsanlauf beginnt hier, wenn eine neue Keimidee gefunden wird, die eine Nachfolgende Verwendung innerhalb eines Arbeitsschrittes erfährt (Festlegung innerhalb des Analyseteams). Das Benennen von Winkeln, wie auch der Blick in die Formelsammlung haben hier eher Orientierungscharakter. Die Versuchsperson wechselt also hier von der Betrachtung zweier Linien zur Betrachtung aufgesetzter Dreiecke. Sie verändert also ihren Betrachtungswinkel und somit kann dieser Wechsel als *Absichtswechsel* charakterisiert werden.

Wechsel 2

Der zweite Wechsel innerhalb des Problembearbeitungsprozesses findet an der Stelle statt, an der sie mit ihren ersten zwei Rechnungen jeweils zu einem falschen Ergebnis kommt. Sie sucht zwar noch nach den Fehlern, indem sie die beiden (vom Prinzip her identischen) Rechenwege vergleicht, weiß aber nicht, wo der Fehler liegt.

36:11	……..	
	Das heißt ich kriege raus $\delta' = -\delta + \gamma - \beta + \alpha + \varepsilon'$. [notiert dies] Das ist das, was ich bei meinem zweiten Versuch raus hatte. / Ich weiß leider jetzt nicht, wo mein Fehler liegt. Ob, ähm, / ja, ob an meinem Ansatz oder halt an meinen Rechnungen. Wobei ich eher vermute, dass das bei den Rechnungen liegt, dass da irgendwelche Fehler drin sind. / Weil mein Ansatz scheint mir ganz gut zu sein mit diesen fünf Dreiecken. Da ich auch zum Schluss eigentlich alles raus kürzen kann. ///	

(Tab. 1.4: Auszug aus dem Videotranskript von VP1)

Als Anlass für den zweiten Wechsel kann hier nun der Anlass [A7] (Zweifel an der sachlichen Korrektheit von (Teil)ergebnissen, eingebrachten Inhalten und/oder gewählten bzw. bereits ausgeführten Maßnahmen oder Lösungsideen) gesehen werden. Sie bemerkt zwar, dass ihre bisherigen Rechnungen konkret fehlerhaft sein müssen, jedoch ist sie zuversichtlich bezüglich des Ansatzes. Sie äußert den Verdacht, sich konkret verrechnet zu haben, verwirft aber die Grundidee nicht komplett, sondern behält die Ausgangsgleichungen bei und führt mit ihnen andere Operationen durch.

Letzteres ist auch ein Hinweis auf den Inhalt des Wechsels. Da sie die Absicht diesmal beibehält und lediglich auf andere Mittel zurückgreift, kann dieser als *Operatorwechsel* charakterisiert werden. Gleichzeitig kehrt sie damit zu einem früheren Stadium des vorherigen Lösungsanlaufs zurück, also ist auch das Merkmal eines *Startpunktwechsels* erfüllt. Des Weiteren lässt sich aus der Audioreflexion entnehmen, dass sie nun auch ihre Strategie bezüglich der Operationen ändert.

| 41:47 | Also jetzt probier ich das einfach nochmal auf dem chaotischen Weg. Ich hab ja vorher das ziemlich strukturiert gemacht und immer eine Gleichung in die nächste und so weiter, immer eine Gleichung weiter. Und jetzt setz ich einfach irgendwas gleich, setze irgendwie ein, um auf irgendein Ergebnis zu kommen. Aber es hat auch nicht funktioniert. /////////// | |

(Tab. 1.5: Auszug aus dem Audiotranskript von VP1)

So kann hier auch das Merkmal für einen *Wechsel des Heurismus* vermutet werden, indem sie, bezogen auf die Operationen, die Versuchs-Irrtum-Strategie anwendet.

Weist ein Wechsel, so wie hier, Merkmale mehrerer Arten von Wechseln auf, ist es nach Ansicht der Autorin nicht zwingend notwendig, sich für nur eine zu entscheiden.

Wechsel 3
Der dritte Wechsel findet statt, als die Versuchsperson auch unter Verwendung der neuen Operationen zu keinem befriedigendem Ergebnis gelangt.

| 58:38 | Nee, komm ich, egal wie ich's drehe und wende, nicht weiter. / Ich glaub nicht mal, dass ich irgendwo nen Fehler gemacht hab, sondern einfach, dass ich nicht auf das Ergebnis komme. Ich muss irgendwas noch einsetzen. /// | |

(Tab. 1.6: Auszug aus dem Videotranskript)

Im Prinzip ist auch hier wieder der Wechselanlass [A16] zutreffend, da sie ein falsches Ergebnis erhält. Mit Blick auf die Art des Wechsels lässt sich jedoch feststellen, dass sie offensichtlich auch an der Erreichbarkeit des Ziels zweifelt, bzw. feststellt, dass sie auch mit der Annahme keinen Fehler gemacht zu haben, mit den bisherigen Mitteln nicht zum Ziel kommt. Der Anlass [A9] **(Gewahrwerden der (objektiven) Nichterreichbarkeit des Zieles während oder nach Ausführung eines fehlerfreien oder als fehlerfrei vermuteten Lösungsanlaufes)** trifft hier also ebenfalls zu. An dieser Stelle ist festzuhalten, dass einem Wechsel selbstverständlich nicht genau einen Anlass zugrunde liegen muss, sondern durchaus eine Kombination aus mehreren verschiedenen Anlässen zu einem Wechsel führen können.

Der Inhalt des Wechsels ist an dieser Stelle zum einen, dass die Versuchsperson nun rückwärts arbeitet, also von der Behauptung ausgeht. Dies ließe sich einem *Wechsel der Heurismen* zuordnen. Zum anderen verwendet sie hier wieder die Ausgangsgleichungen aus ihrem zweiten Lösungsanlauf, welches das Merkmal eines *Startpunktwechsels* ausmacht. Dass dieses Vorgehen für einen Beweis ohnehin unzulässig ist, ist an dieser Stelle allerdings nicht relevant. Auch hier sei an dieser Stelle angemerkt, dass ein Wechsel durchaus verschiedene Inhalte zugleich aufweisen kann.

6.2.2.a Beschreibung der Bearbeitung von Versuchsperson 2

Die Versuchsperson 2 beginnt ihre Bearbeitung damit, dass sie die Formulierung des Problems laut vorliest. Sie benennt daraufhin die Innenwinkel des Fünfsterns mit α_0, α_1, α_2, α_3 und α_4 (vgl. I). Sie äußert daraufhin sehr zügig, dass man den Fünfstern in verschiedene Dreiecke einteilen kann, welche jeweils die Innenwinkelsumme 180° haben. Sie stellt zunächst die Gleichung über die Innenwinkelsumme für eines dieser Dreiecke auf und benennt in dem Zuge den entsprechend dazugehörigen Winkel im Fünfeck mit β_0.

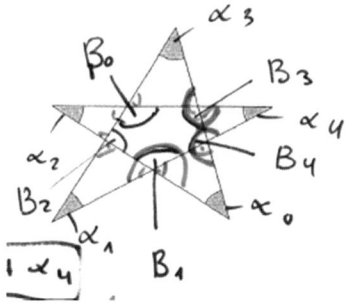

Abb. 23: Ausschnitt aus der Bearbeitung von VP2

Sie bemerkt, dass sie dies für insgesamt fünf Dreiecke machen kann. Beim Benennen eines weiteren Innenwinkels des Fünfecks kommt ihr der Gedanke, dass die Innenwinkelsumme im Fünfeck 540° beträgt, fährt aber zunächst fort, analog weitere Gleichungen für die übrigen Dreiecke aufzustellen und kommt so zu fünf Gleichungen. Des Weiteren notiert sie die Behauptung und eine Gleichung zur Innenwinkelsumme des innenliegenden Fünfecks mit den entsprechenden Winkeln $\beta_0 - \beta_4$.

Zunächst arbeitet sie aber mit diesen Gleichungen nicht weiter, sondern zählt die Ecken des Fünfsterns (er kommt auf 10) und sucht in der Formelsammlung nach einer Formel für n-Ecke. Sie findet die Formel: $IWS = (n-2) \cdot 180°$, wendet sie für das 10-Eck an und erhält so eine (Gesamt)innenwinkelsumme für den Fünfstern als 10-Eck mit 1440°. Sie bemerkt an dieser Stelle, dass sie dafür neben den gesuchten Innenwinkeln des Fünfsterns auch die innenliegenden Winkel an den nicht konvexen Ecken des Sterns mit einschließt (vgl. Abb. 21). Sie notiert in diesem Zuge, die Summe dieser Winkel mit 1260°. Sie merkt nun nochmal an, dass die Innenwinkelsumme im Fünfeck 540° und ferner, dass für jedes aufgesetzte Dreieck die Innenwinkelsumme 180° beträgt. Sie summiert nun die Innenwinkelsummen der aufgesetzten Dreiecke und zieht die Innenwinkelsumme des Fünfsterns wieder ab: $180° \cdot 5 - 180° = 720°$. Dazu addiert sie die Innenwinkelsumme des Fünfecks und kommt so auf $720° + 540° = 1260°$ für die Summe der Winkel an den nicht konvexen Ecken des Fünfsterns. Hierzu addiert sie im Folgenden die 180° der Innenwinkelsumme des Fünfsterns und kommt auf die gewünschten 1440°.

Nun erläutert sie ihr bisheriges Vorgehen noch einmal und schreibt dafür die Berechnung der Innenwinkelsumme des 10-Ecks erneut auf (vgl. II). Allerdings geht sie hierbei anders vor, als beim ersten Lösungsweg, sie zieht nämlich nun von den 1400° des 10-Ecks zunächst die Innenwinkelsumme des Fünfecks ab und kommt so auf $1440° - 540° = 900°$. Sie verbalisiert, dass diese 900° die Summe der Innenwinkel aller aufgesetzten Dreiecke ist.

An dieser Stelle kommt sie nun zunächst nicht weiter, entdeckt aber schnell die Nebenwinkeleigenschaft.

11:28	…….. Und zwar / sind das 900°. [notiert $1440° - 540° = 900°$] 900° heißt, ähm, die Winkel, die außen, äh, die Außendreiecke [zeigt darauf] haben insgesamt 900°. Hm. Damit haben wir im Prinzip nicht so viel bewiesen. So, einen Moment. / 540. ////
15:46	Hm. Hm. / So, einmal ist klar, dass sich jeder β_3-Winkel ergänzt zu 180°. Durch den Winkel jetzt. [markiert dies] Hm. Dann fehlen uns aber trotzdem noch Winkel. Und zwar eins, zwei, drei, vier, fünf. Mhm. ////////

(Tab. 2.1: Aus dem Audiotranskript von VP2)

Darauf geht sie aber zunächst nicht näher ein, sondern betrachtet die Ausgangsgleichungen der Dreiecke und beginnt diese gleichzusetzen (vgl. III). Dies bricht sie aber ab und äußert das Vorhaben, sie lieber zu addieren, statt gleichzusetzen, tut dies aber nicht.

Stattdessen betrachtet sie wieder ihre Skizze und ihre Überlegungen zur Nebenwinkeleigenschaft aus dem vorherigen Ansatz (vgl. II) und formuliert, dass sich jeder Innenwinkel des Fünfecks mit seinem Nebenwinkel zu 180° ergänzen lässt. Ferner hat sie die Idee, das man dies insgesamt fünfmal tun kann (für jeden Innenwinkel des Fünfecks einmal) und danach ein zweites Mal, um jeweils beide Nebenwinkel abzudecken. Nun zieht sie von der Gesamtsumme die Innenwinkel des Fünfecks wieder ab (vgl. IV) und kommt auf $900° + 900° - 540° = 1260°$ für die Summe der Innenwinkel an den nicht konvexen Ecken des Fünfsterns. Da die Figur als 10-Eck betrachtet insgesamt eine Innenwinkelsumme von 1440° aufweist, zieht sie dies davon ab und erhält somit die Lösung:
$1440° - 1260° = 180° = \alpha_0 + \alpha_1 + \alpha_2 + \alpha_3 + \alpha_4$

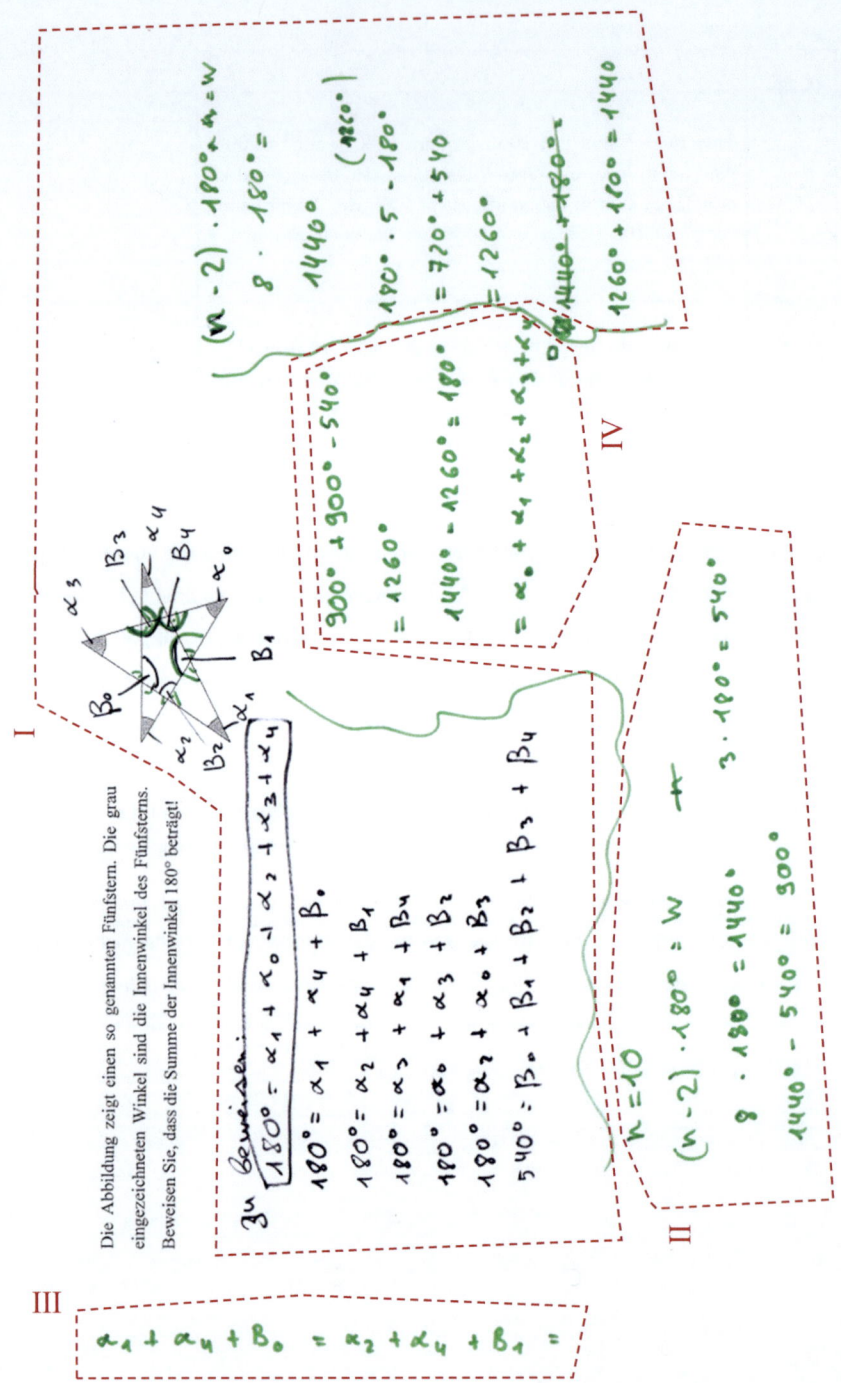

Abb. 24.1: Bearbeitungsbogen 1 der VP2

Abb. 24.2: Bearbeitungsbogen 2 der VP2

6.2.2.b Analyse der Bearbeitung von Versuchsperson 2

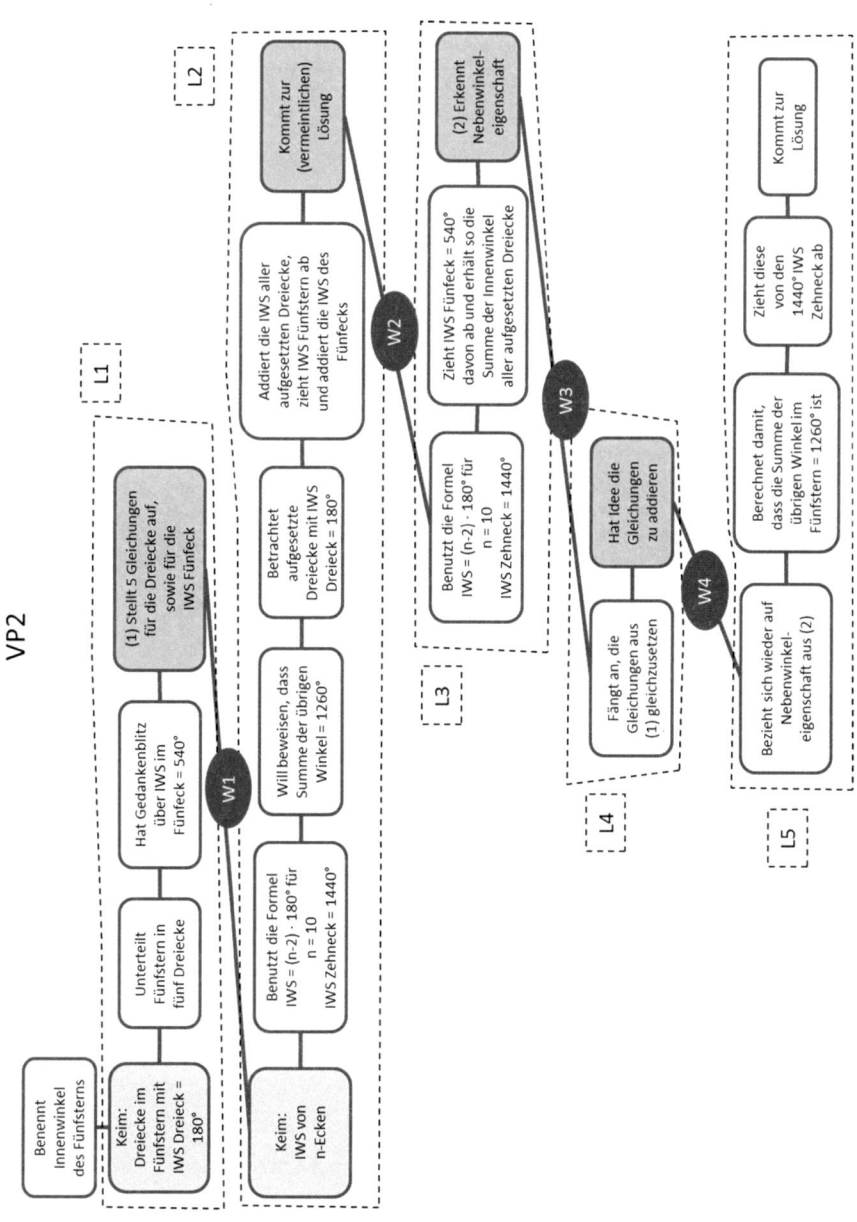

Abb. 25: Flussdiagramm VP2

Die Versuchsperson 2 durchläuft insgesamt die fünf Lösungsanläufe [L1] – [L5]. Dabei bezieht sie sich stark auf Ideen aus vorherigen Anläufen.

Wechsel 1

Der erste Wechsel findet statt, nachdem die Versuchsperson die fünf Gleichungen über die Innenwinkelsummen der Dreiecke im Fünfstern aufgestellt hat. Sie betrachtet diese Dreiecke kaum mehr innerhalb ihres Bearbeitungsprozesses.

Der Anlass für diesen Wechsel ist vermutlich ihr zwischenzeitlicher Gedankenblitz über die Innenwinkelsumme eines Fünfecks. Nachdem sie nämlich die Gleichungen aufgeschrieben hat, notiert sie die Gleichung über die Innenwinkelsumme und fährt dann sehr rasch damit fort, die Figur als n-Eck zu betrachten und mithilfe der Formelsammlung eine Gleichung über die Innenwinkelsumme im 10-Eck aufzustellen.

01:28	……..	
	So. Und, ähm, außerdem muss noch das hier / sieht jetzt wie ein b aus, das soll ein β sein. Ähm, ja. [lacht] [notiert $540° = \beta_0 + \beta_1 + \beta_2 + \beta_3 + \beta_4$] / So. Das ist zu beweisen. [zieht einen Kasten um $180° = \alpha_1 + \alpha_0 + \alpha_2 + \alpha_3 + \alpha_4$] … [Aussprache undeutlich] / 90°. / Hm. //////////	
08:06	So. Was kann man denn machen. / Einerseits ist das ne Figur / wie viele Ecken, ah, die Innenwinkel. Eins, zwei, okay, fünf. Sechs, sieben, acht, neun, zehn. [zählt die Ecken] Ich schau mir nochmal die Formel für n-Ecke aus. [greift zur Formelsammlung] Bin ich mir grad nicht so ganz sicher. Ähm. // 26. [blättert in der Formelsammlung] //////	

(Tab. 2.2: Auszug aus dem Videotranskript von VP2)

Der Anlass dieses Wechsels kann also dem Wechselanlass [A4] (aufkommende alternative, vermeintlich rationellere bzw. effizientere Lösungsidee vor oder während der Arbeit an der aktuellen Idee) zugeordnet werden.

Inhaltlich verändert die Versuchsperson damit ihren Betrachtungswinkel auf das Problem. Statt der Dreiecke im Fünfstern betrachtet sie nun zunächst den Fünfstern im Ganzen als 10-Eck und auch im weiteren Verlauf des neuen Lösungsweges findet die anfängliche Betrachtung keinen Eingang mehr. Es handelt sich hierbei also um einen *Absichtswechsel*.

Wechsel 2

Der zweite Wechsel findet statt, nachdem die Versuchsperson eigentlich zu einer vermeintlichen Lösung gelangt ist. Zwar wäre der Beweis nicht zulässig gewesen, da sie dabei von der Behauptung ausgegangen ist, aber diese Erkenntnis wird weder innerhalb der Videoaufzeichnung nicht geäußert. Erst in der Audioreflexion merkt die Versuchsperson an, dass sie hier davon ausgegangen ist, dass die Vermutung richtig ist.

10:58	Da war so eine kleine Notiz, und zwar sollten das alle Winkel, außer die spitzen, welche 180° nach der Vermutung betragen sollen, sodass eben 1260° die anderen Winkel betragen. / Ich habs in Klammern genommen, weil das hier jetzt natürlich so ist, dass ich einfach 180 abgezogen habe und dann das Ergebnis raus hatte. / Hab im Prinzip behauptet, dass die Vermutung richtig ist. ///////	
12:09	Ja, das ist wiederum mit der Vermutung gerechnet. /// Ja, und das sollte ich eigentlich als erstes beweisen. // 45. Richtig. Oh Gott, ey, wie rechne ich denn. [lacht] Naja. ////////	

(Tab. 2.3: Auszug aus dem Audiotranskript von VP2)

Ob dies nun auch der tatsächliche Anlass für den Wechsel hin zu einem neuen Lösungsansatz war, ist nicht eindeutig. Deshalb können hier sowohl der Anlass [A12] (Verlieren des „roten Fadens" bei der Arbeit an der aktuellen Idee) als auch der Anlass [A1] (erkennte (Wissens- und Fertigkeits-) Fehler) gedeutet werden. Für den ersten Anlass spricht die Nicht-Verbalisierung des Fertigkeitsfehlers während der Bearbeitung. Die Versuchsperson deutet an, lediglich ihr Vorgehen erläutern zu wollen und beginnt auch damit, bis sie einen anderen Zusammenhang herstellt, als im vorigen Lösungsanlauf.

11:28	…….. [notiert $1260°+180°=1440°$] So, ähm. Wir nehmen an, also die Figur ist ein Zehneck. Jetzt nochmal meine Skizzen hier erläutern. Ähm. $n=10$. [notiert dies] Das ist die Formel für die Drei, also das ist die Winkel, das ergibt insgesamt den Winkel. [ergänzt $(n-2)\cdot 180°$ zu $(n-2)\cdot 180°=W$] ……..	

(Tab. 2.4: Auszug aus dem Videotranskript von VP2)

Für den Wechselanlass [A1] spricht die in der Audioreflexion getroffene Äußerung (vgl. Tab. 2.2), über die ungemäße Verwendung der Behauptung.

Unabhängig davon, welcher Anlass die Versuchsperson nun zu diesem Wechsel geführt hat, betrachtet sie weiterhin den Fünfstern als 10-Eck und kehrt somit zu einem früheren Punkt eines Lösungsweges zurück, was ihm den Charakter eines *Startpunktwechsels* zukommen lässt.

Wechsel 3
Der dritte Wechsel findet statt, als die Versuchsperson nach der Berechnung der Summe aller Innenwinkel der aufgesetzten Dreiecke, vermutlich zu Kontrolle, die Skizze noch einmal näher betrachtet. In diesem Zuge erkennt sie die Nebenwinkeleigenschaft, verwendet diese aber zunächst nicht weiter.

11:28	Und zwar / sind das 900°. [notiert $1440° - 540° = 900°$] 900° heißt, ähm, die Winkel, die außen, äh, die Außendreiecke [zeigt darauf] haben insgesamt 900°. Hm. Damit haben wir im Prinzip nicht so viel bewiesen. So, einen Moment. / 540. ////	
15:46	Hm. Hm. / So, einmal ist klar, dass sich jeder β_3-Winkel ergänzt zu 180°. Durch den Winkel jetzt. [markiert dies] Hm. Dann fehlen uns aber trotzdem noch Winkel. Und zwar eins, zwei, drei, vier, fünf. Mhm. ///////	
16:54	Sosososo. / Da wir wissen, dass die, also nochmal das wegdenken. [zeigt auf die letzte Rechnung] Ähm, wir wissen, dass wir im Prinzip immer drei Winkel gleichsetzen können, und zwar können wir alle Winkel gleichsetzen. [zeigt auf die Gleichungen]	

(Tab. 2.5: Auszug aus dem Videotranskript von VP2)

Anlass für die Nicht-Verwendung dieser Erkenntnis ist in diesem Fall vermutlich [A15], die Verkennung des mathematischen Nutzens. Zwar fällt der Versuchsperson die Nebenwinkeleigenschaft auf, jedoch glaubt sie (zunächst) nicht, dass sie für den Bearbeitungsprozess von Nutzen sein kann (was sie ja aber ist, wie sich auch später zeigt).

Inhaltlich kehrt die Versuchsperson an dieser Stelle zu einem früheren Punkt des Lösungsweges [L1] zurück und beginnt damit, die Ausgangsgleichungen gleichzusetzen. Hier findet also ein *Startpunktwechsel* statt. Ferner wird mit der Verwendung der Gleichungen aus [L1] auch implizit der Betrachtungswinkel dahingehend geändert, dass (wieder) andere Dreiecke in der Figur betrachtet werden, als die aufgesetzten. Der Wechsel weist also indirekt auch Merkmale eines *Absichtswechsels* auf.

Wechsel 4

Der letzte Wechsel zur zielführenden Idee findet nur wenig später statt. Nachdem die Versuchsperson die Idee geäußert hat, alle Ausgangsgleichungen aus [L1] gleichzusetzen, und auch beginnt, die zu tun (vgl. III), bricht sie dies jedoch sehr schnell wieder ab und äußert den Gedanken, sie lieber zu addieren. Dies führt sie jedoch gar nicht erst aus, sondern bezieht sich wieder auf die Nebenwinkeleigenschaft, mit der sie schlussendlich auch zu einer (richtigen) Lösung gelangt.

16:54	…… [notiert $\alpha_1 + \alpha_4 + \beta_0 = \alpha_2 + \alpha_4 + \beta_1 =$] Hm. Oder / wir addieren alle diese Winkel. Zu 900°. Und, hm. / Na, bringt das uns denn weiter. Zu 900° und was machen wir dann? ////	
19:07	Achso, ja. Das würde sogar gehen. Neuer Ansatz. Ähm. [greift wieder zum ersten Blatt Papier] Jeder Winkel, jeder β-Winkel, ähm, also von 0 bis 4, den muss ich verdoppeln. / Nein. Jeder β-Winkel, äh, den erweitere ich wie hier bis 180° [zeigt darauf]. Somit habe ich $180 \cdot 5$, also 900°. Und dann mach ich das nochmal. Weil das [zeichnet einen Winkel ein], dann hätte ich hier das Gesamte. Also ich tu das nochmal. Ich verdopple ihn, ich verdopple die β-Winkel nochmal. Also was heißt verdoppeln, ich erweiter sie bis 180 und dann zieh ich wiederum die 540°, ähm, ab, welche hier übrig waren. [zeigt darauf] Also die β-Winkel, weil wir sie doppelt genommen haben. [notiert $900° + 900° - 540°$] So. Das müssen, äh, $1800 - 540$, $1260°$ sein. [notiert $= 1260°$] Ähm. Damit ergibt sich 1260° für alle, für alle <u>die</u> Winkel, so. Jetzt aufpassen. Äh, es, das ergibt sich für den Winkel immer, immer für den Innenwinkel. Und wir wissen, wie ich das hier bewiesen habe [zeigt auf die Rechnung unten auf Blatt 1], dass die Figur 1440° haben <u>muss</u>. Und nun ziehen wir 1260° ab, welche wir jetzt berechnet haben, dann	

kommen 180° raus und das sind jeweils $= \alpha_0 + \alpha_1 + \alpha_2 + \alpha_3 + \alpha_4$. [notiert $1440° - 1260° = 180° = \alpha_0 + \alpha_1 + \alpha_2 + \alpha_3 + \alpha_4$] So. Noch ein bisschen alles rausnehmen. [malt Linien zwischen die einzelnen Abschnitte des Beweises] Das ist die Lösung. Jetzt hab ich nen Zettel verschwendet. Ähm. Ja, soll ich das eigentlich noch / irgendwie schön machen? Also hier nochmal, ähm, wo schreibe ich das denn hier nochmal hin? Nö, das ist ja eigentlich erläutert so. Schreibe ich das hierhin. [setzt ein ☐ unter das Ende des Beweises] / Okay.	

(Tab. 2.6: Auszug aus dem Videotranskript von VP2)

Der Anlass für diesen Wechsel ist etwas schwieriger zu bestimmen, da die Versuchsperson weder in der Videoaufzeichnung noch in der Audioreflexion Aussagen darüber trifft, warum sie den Lösungsanlauf [L4] nicht weiter verfolgte. Aber auch das Nicht-Verbalisieren eines Wechselanlasses kann ein Hinweis sein, beispielsweise für den Wechselanlass [A3] (latenter Verdacht, dass begonnener Lösungsanlauf nicht zum Ziel führt, eher unspezifisch und unbegründet), oder aber für den Wechselanlass [A4] (aufkommende, alternative, vermeintlich rationellere bzw. effizientere Lösungsidee vor oder während der Arbeit an der aktuellen Idee). Vermutlich trifft beides zu.

Inhaltlich findet hier ein ähnlicher Wechsel wie der vorherige statt, nur „umgekehrt". Zum einen orientiert sich die Versuchsperson an Teilerkenntnissen aus dem Lösungsweg [L3] (Nebenwinkeleigenschaft) und kehr somit zu einem früheren Startpunkt zurück (*Startpunktwechsel*), zum anderen ändert sie mit dieser Rückkehr auch ihre Betrachtungsweise auf die Figur, was einem *Absichtswechsel* entspräche.

6.2.3.a Beschreibung der Bearbeitung von Versuchsperson 11

Der Bearbeitungsprozess von Versuchsperson 11 (im Folgenden auch mit VP11 abgekürzt) zeichnet sich durch eine hohe Dichte von unterschiedlichen Ideen und Gedankensplittern aus.

Zu Beginn des Bearbeitungsprozesses liest die Versuchsperson die Aufgabenstellung laut vor und schaut dann relativ zügig in die Versuchsperson in die Formelsammlung und sucht dort nach Informationen über Winkel generell. Offensichtlich findet sie keine relevanten Informationen, denn ihre weiteren Gedanken schließen die Idee über die Betrachtung des

Fünfsterns als Sehnenfigur im Kreis bzw. über die Anwendung von Sehnensätzen. Hierzu misst sie einige Abstände mit dem Zirkel nach, wird allerdings in ihrer Vermutung nicht bestätigt, es könne sich um eine Sehnenfigur handeln.

Nun äußert sie einige Gedanken über Strahlensätze, wendet diese aber nicht in der Figur an, sondern benennt lediglich die Innenwinkel des Fünfsterns mit α, β, γ, δ und ε (vgl. Abb. 24.1).

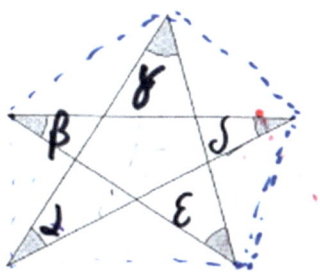

Abb. 26.1: Ausschnitt aus der Bearbeitung von VP11

Anschließend greift sie wieder zur Formelsammlung, findet aber auch dort keine weiteren Ideen. Daraufhin beschließt sie, die Skizze etwas vergrößert neu zu zeichnen und äußert auch schon eine Vermutung über Scheitelwinkelbeziehungen.

| 06:19 | …….. Oh, man, was macht man da? // Hm. Wir zeichnen das nochmal größer auf, vielleicht geht es dann über irgendwelche Scheitelwinkel. [greift zum Lineal] Also, wie sieht das denn aus. [zeichnet einen neuen Fünfstern] …….. | |

(Tab. 3.1: Auszug aus dem Videotranskript von VP11)

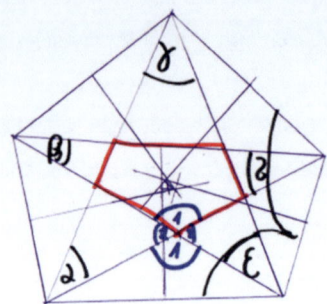

Abb. 26.2: Ausschnitt aus der Bearbeitung von VP11

Sie erkennt nun das innenliegende Fünfeck und markiert es in der neuen Skizze (vgl. Abb. 24.2). Sie sucht nun in der Formelsammlung nach der Innenwinkelsumme eines Fünfecks, wird allerdings nicht fündig und beschließt, sich die Innenwinkelsumme eines Fünfecks selbst herzuleiten.

06:19	....	
	Doch. Wir gucken, das ist ja sozusagen so eine Art Fünfeck hier innen drin. Das hier, nee, nehmen wir mal eine andere Farbe. Nehmen wir mal rot. [greift zum roten Filzstift und markiert das Fünfeck] Hier haben wir ja ein / Fünfeck. [notiert Fünfeck unter der Skizze] So. Jetzt gucken wir nur mal kurz, Winkel in einem Fünfeck. [blättert in der Formelsammlung] Das weiß ich jetzt wirklich nicht aus dem Kopf. Winkelsummen oder? Ja, doch. Winkel, ach nee, doch nicht, direkt nach Fünfeck, Fünfeck gucken. So. Jetzt gucken wir Fünfeck. / Steht natürlich nicht drin. // Ach, unter Polygon, Polynom, Polygon vielleicht? Müssen wir mal dadrunter gucken. Das ist ja eine Möglichkeit, damit das von der innen ausgehenden Polygone. //////	
10:42	Ach, wo steht das denn. Bin ich blind? Polygone. Po-ly-go-ne. / Hm, man. Unter ... [Aussprache undeutlich] Steht natürlich nicht drin. / Hm. /////	
11:40	Wo steht das denn. // Sonst muss ich mir selber eins bauen. Das kann heute dauern. ////	

12:18	58 vielleicht. // Okay, dann müssen wir es mal kurz auf einem extra Papier, die wir hoffentlich, äh, haben, mal ganz selber einzeichnen. [greift zu einem neuen Blatt Papier] …….

(Tab. 3.2: Auszug aus dem Videotranskript von VP11)

Sie leitet sich nun die Innenwinkelsumme eines Fünfecks selbst her, indem sie zunächst alle Innenwinkel eines neu gezeichneten Fünfecks ausmisst, dann aber feststellt, dass beginnend mit einem Dreieck, die Innenwinkelsumme beim Erhöhen der Eckenanzahl einer Figur um 180° zunimmt. Sie kommt so auf die Innenwinkelsumme für das Fünfeck mit 540° (vgl. III), was sie auch auf dem Arbeitsblatt notiert. Ferner bezeichnet sie insgesamt zwei Scheitelwinkelpaare innerhalb dieser Skizze.

Darauf geht sie aber zunächst nicht weiter ein, sondern zeichnet in die Ausgangsskizze (vgl. Abb. 24.1), sowie in die neue Skizze (vgl. Abb. 24.2), Verbindungslinien zwischen den Sternspitzen und überlegt, ob diese ihr weiterhelfen könnten. Dies vermutet sie jedoch zunächst nicht und schreibt zunächst die Behauptung unter Verwendung der entsprechenden Winkel. Sie äußert nun verschiedene Ideen über Winkelhalbierende, Mittelsenkrechte, Sinus, Streckenhalbierende (auch unter Einbezug der Formelsammlung), befindet aber offensichtlich keine der Ideen für besonders nützlich. Sie entschließt sich nun verschiedene Linien in die Skizze einzuzeichnen, um zu überprüfen, ob sich irgendwelche (keine bestimmten) davon treffen, wird aber enttäuscht. Auch weitere Abmaße mit dem Zirkel liefern für sie keine verwertbaren Erkenntnisse. Sie zeichnet zwischendurch auch eine weitere Skizze der Figur (vgl. Abb. 24.3).

Sie wendet sich nun der dritten Skizze zu und markiert dort sich entsprechende Scheitelwinkel.

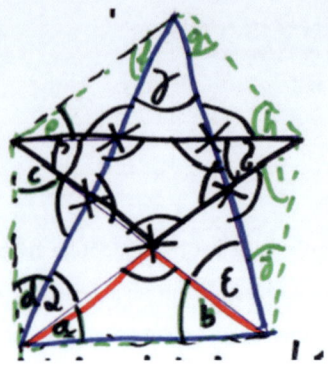

Abb. 26.3: Ausschnitt aus der Bearbeitung von VP11

Des Weiteren erkennt sie ein Dreieck in der Figur (in Abb. 24.3 blau markiert) und schreibt eine Gleichung über dessen Innenwinkelsumme auf: $180° = \gamma + \alpha + \varepsilon + a + b$

Sie löst diese Gleichung nach γ auf. Im Folgenden vervollständigt sie die dritte Skizze zu einem Fünfeck und bezeichnet die neu dazugewonnen Winkel (vgl. Abb. 24.3) und formuliert danach weitere Gleichungen für solche Dreiecke im Fünfstern, sodass sie für jeden Innenwinkel des Fünfsterns eine Gleichung erhält, sowie eine Gleichung über die gesamte Innenwinkelsumme des äußeren Fünfecks unter Verwendung der gleichen Winkel (vgl. IV). Die Versuchsperson schreibt hier allerdings fälschlicherweise 560° für die Innenwinkelsumme des Fünfecks auf.

Die jeweiligen Gleichungen der Innenwinkel des Fünfsterns stellt die Versuchsperson nun nach $a, b, c, ..., i, j$ um (vgl. V) und erhält so zehn weitere Gleichungen. Diese Gleichungen setzt sie nun in die Gleichung für die gesamte Innenwinkelsumme des außenliegenden Fünfecks aus IV ein (vgl. VI) und fasst diese sehr komplexe Gleichung in einem nächsten Schritt zusammen (vgl. VII). In diesem Zuge korrigiert sie auch den Fehler, dass die Innenwinkelsumme im Fünfeck 540° statt 560° beträgt. Sie erhält nun also:

$$540° = 1800° - 5\alpha - 5\beta - 5\gamma - 5\delta - 5\varepsilon - a - b - c - d - e - f - g - h - i - j$$

$$1260° = 5 \cdot (\alpha + \beta + \gamma + \delta + \varepsilon) + a + b + c + d + e + f + g + h + i + j$$

An dieser Stelle bricht die Versuchsperson die Rechnungen ab und konzentriert sich neu in der Skizze. Sie findet hierbei zwei (weitere) Dreiecke in der Figur und markiert sie in der

Skizze mit blau und rot (vgl. Abb. 24.3). Sie verbalisiert, bezüglich dieser Dreiecke eine Idee zu haben (äußert aber nicht, welche konkret) und zeichnet eine neue Skizze (vgl. VIII). An diesem Zeitpunkt ist jedoch die Bearbeitungszeit abgelaufen.

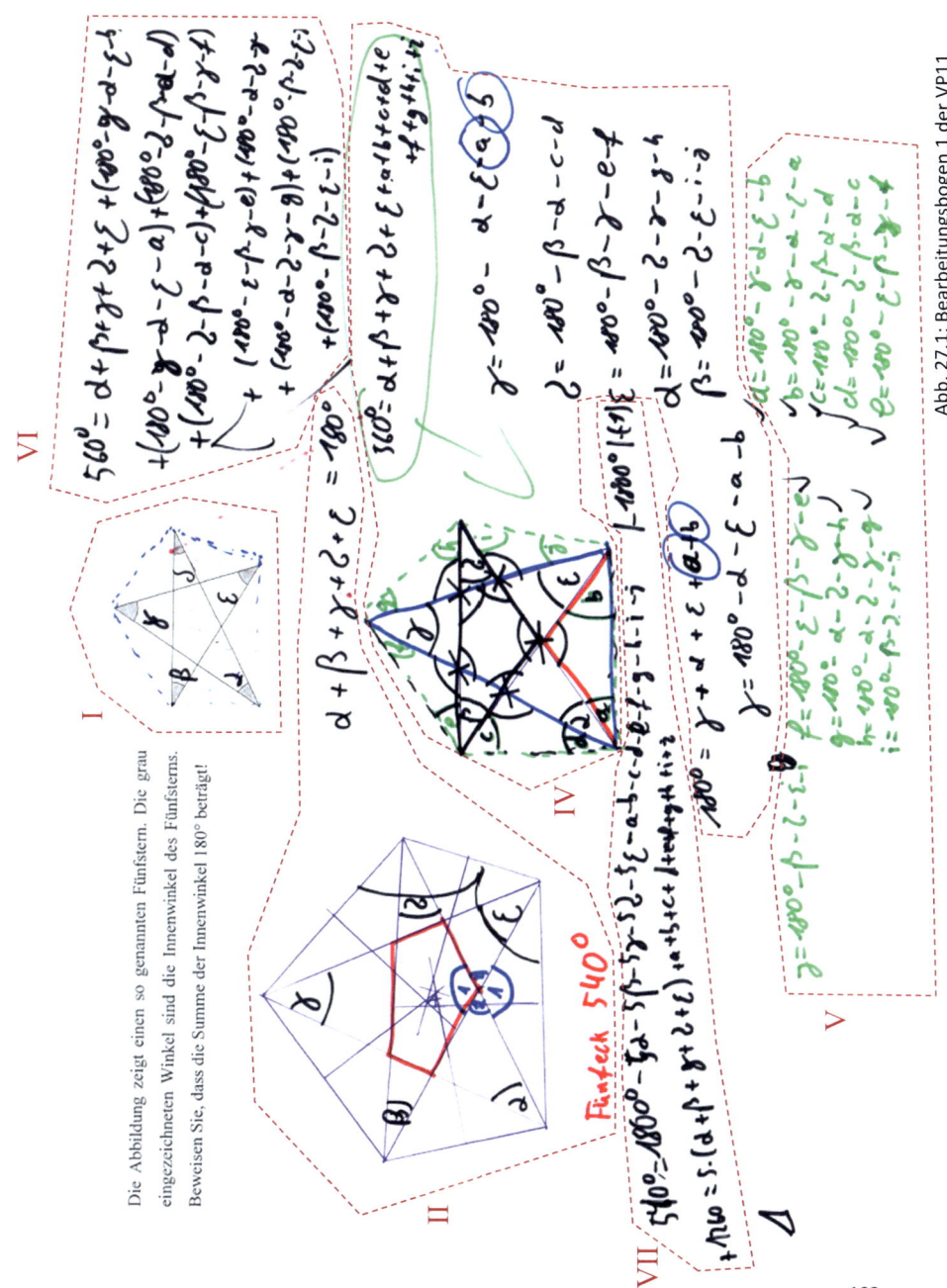

Abb. 27.1: Bearbeitungsbogen 1 der VP11

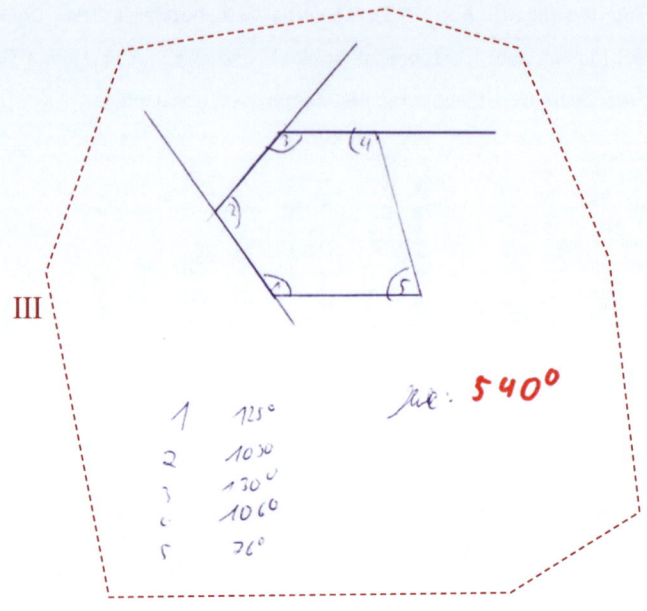

Abb. 27.2: Bearbeitungsbogen 2 der VP11

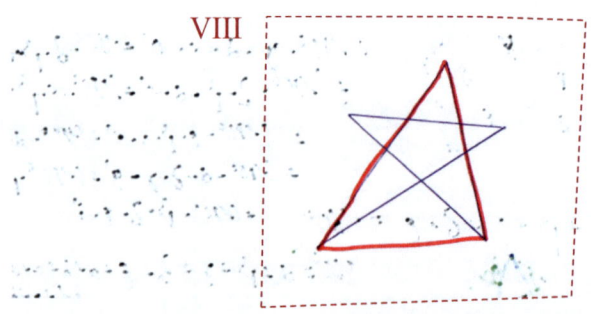

Abb. 27.3: Bearbeitungsbogen 3 der VP11

6.2.3.b Analyse der Bearbeitung von Versuchsperson 11

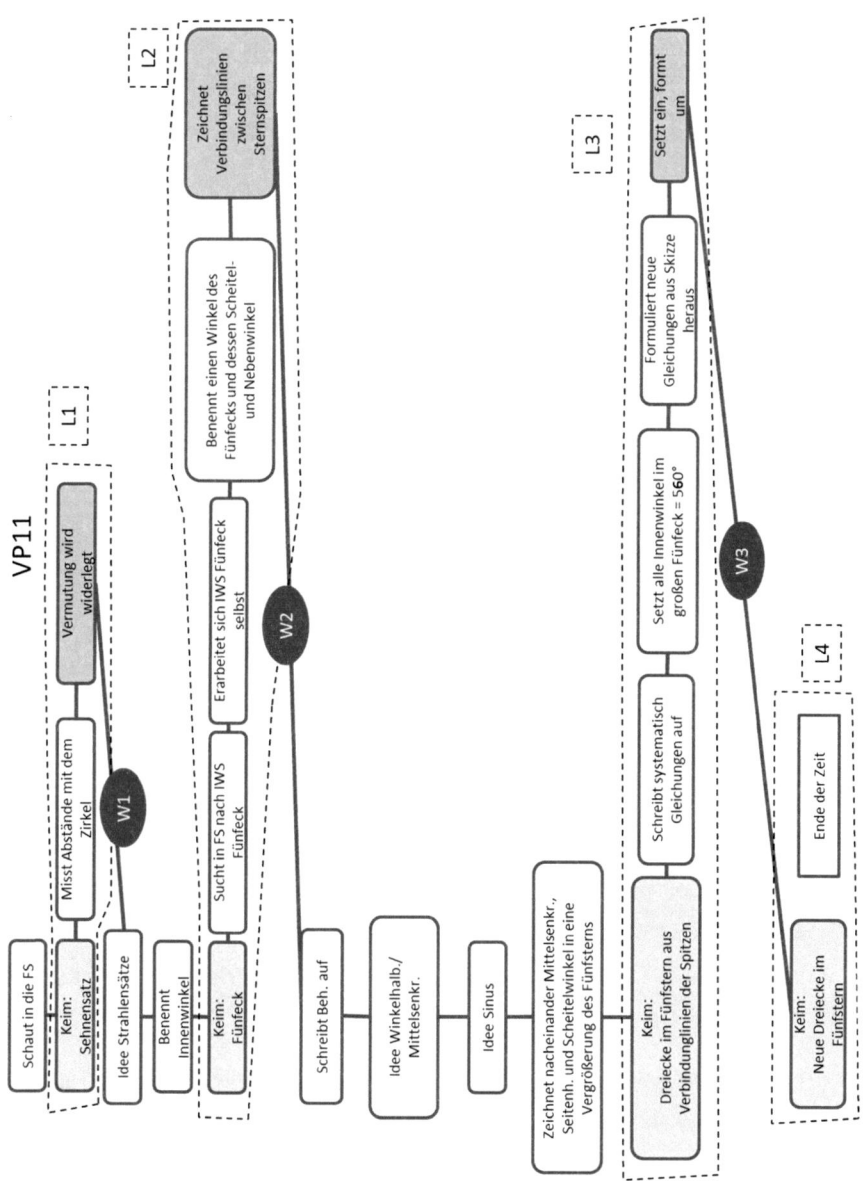

Abb. 28: Flussdiagramm VP11

Die Versuchsperson 11 äußert innerhalb ihre Problembearbeitungsprozesses zwar eine große Vielzahl an Ideen, jedoch erfahren die meisten von ihnen keine weitere Verwendung und werden nach Übereinstimmung im Sinne der konsensuellen Validierung eher als *Gedankensplitter* charakterisiert, sodass sich insgesamt nur vier konsequenter verfolgte Lösungswege [L1] – [L4] ergeben, wobei [L1] auch nur sehr oberflächlich verläuft. Insgesamt können also drei Wechsel von Lösungsanläufen identifiziert werden.

Wechsel 1

Der erste Wechsel findet statt, nachdem die Versuchsperson in der ersten Skizze (vgl. I) die Vermutung widerlegt, es könne sich bei dem Fünfstern um eine Sehnenfigur innerhalb eines Kreises handeln.

01:13	Hui. Hm. / Tja, was machen wir denn. [zieht einige Linien des Fünfsterns nach] // Ähm. [blättert wieder in der Formelsammlung] Hm. Wir können ja mal gucken, ob das vielleicht ein Kreis ist, ob wir irgendwas mit Sehnensätzen erkennen. Anfangen können. [greift zum Zirkel] / ... [Aussprache undeutlich] Das geht schon mal nicht. Nee, das sieht nicht nach einem Kreis aus. //
	....

(Tab. 3.3: Auszug aus dem Videotranskript von VP11)

Als Anlass für diesen Wechsel ergibt sich ein Widerspruch zur Vermutung innerhalb des Lösungsweges. Durch die Untersuchung mit dem Zirkel, stellt die Versuchsperson für sich fest, dass die Figur von keinem Kreis umgeben wird und sie somit keine weiteren Überlegungen zu Sehnensätzen o.Ä. anstellen zu braucht (ähnlich wie Versuchsperson 1 die vermutete Parallelität zwischen zwei Linien widerlegt hat). Dieser Anlass kann also dem Wechselanlass [A16] (Widerspruch innerhalb / Unkorrektheit eines (Teil-)ergebnisses) zugeordnet werden.

Der Inhalt dieses Wechsels ist folglich eine veränderte Betrachtung auf die Figur. Sie wird so nicht mehr als Sehnenfigur im Kreis wahrgenommen. Es liegt also ein *Absichtswechsel* vor. Diese Vermutung verstärkt sich, wenn wir bedenken, dass die Idee des nächsten Lösungsanlaufes [L2] die ist, ein Fünfeck in der Sternfigur zu betrachten.

Wechsel 2

Der zweite Wechsel findet statt, nachdem die Versuchsperson die Idee, ein Fünfeck zu betrachten, nicht weiter verfolgt. Zwar hat sie inzwischen sogar die Innenwinkelsumme eines Fünfecks hergeleitet (vgl. III) und betrachtet nicht nur das innenliegende Fünfeck, sondern auch das außenliegende (Verbindung der Sternspitzen), jedoch benutzt sie diese Informationen zunächst nicht weiter, sondern orientiert sich wieder in der Gesamtfigur und versucht, durch das Einzeichnen verschiedener Linien einen Zusammenhang herzustellen.

18:46	Hm. [zeichnet vier weitere gestrichelte Linien ein] /// Das ist auch Das ist auch ein Fünfeck, ach, muss ja ein Fünfeck sein. Können wir hier irgendetwas mit anfangen. / Mal gucken. Wir ziehen einfach mal noch so ein paar Linien. Vielleicht bringt uns das irgendwie weiter. [verbindet auch in der eigenen Skizze die Ecken des Fünfsterns zu einem Fünfeck] ////	
19:45	Hm. // Was passiert, wenn wir vielleicht hier drin / so Linien ziehen. Ah, nee, das bringt uns auch nichts. / Jetzt einfach schon mal gucken. Also. Also α + β + γ + δ + ε soll also 180° betragen. [notiert α + β + γ + δ + ε = 180°] // Hm. / Was könnte man da machen. Eine Winkelhalbierende bringt uns, glaub ich, auch nichts. Oder bringt uns das einen nennenswerten Vorteil? [greift zum Geodreieck] / Nein. 90°-Winkel bringt uns in diesem Fall nichts. Hm. /////	

(Tab. 3.4: Auszug aus dem Videotranskript von VP11)

In der Audioreflexion verbalisiert die Versuchsperson an dieser Stelle, dass sie das Einzeichnen der Linien als nicht zielführend empfand, äußert sich aber nicht dazu, warum die grundlegende Betrachtung der Figur als Fünfstern zunächst keine weitere Verwendung fand.

18:29	Ja, und jetzt guck ich halt, welche Entsprechungen man benutzen kann. Stelle fest, dass es mir eigentlich gar nüscht bringt. Jetzt hab ich grade eine Idee, was passiert eigentlich vielleicht, wenn man diese Punkte miteinander verbindet. Hab ich daraus irgendeinen Vorteil. Das ist zwar eigentlich schon der richtige Weg, nur bin ich vom Weg abgegangen. Wat soll's. Jetzt komm ich halt auf die Idee, was passiert, wenn man wirklich alle Punkte miteinander verbindet und man einfach mal die Entsprechungen festsetzt. //// Genau,	

> und jetzt bin ich so weit, dass ich einfach alle Ecken des Fünfsterns miteinander verbinde. // Hm. Wie man sieht, haben wir wieder ein Fünfeck mit 540°. // Ja, was machen wir jetzt damit, das ist die nächste Frage, was machen wir damit. Jetzt überleg ich, ob man vielleicht noch innen drin vielleicht noch Verbinden ziehen sollte, aber dann hätten wir irgendwann unendlich kleine Fünfecke oder Fünfsterne, nee, Fünfecke. Fünfgone. Hahaha. Ja. Jetzt schreib ich hier so einfach auf, was denn herauskommen soll, **also halt dass alle fünf Winkel α, β, γ, δ, ε insgesamt, insgesamt, dass sie 180° betragen müssen.**
>
> ....

(Tab. 3.5: Auszug aus dem Audiotranskript von VP11)

Als Anlass für diesen Wechsel lässt sich nach Einbezug der Äußerung aus der Audioreflexion der Wechselanlass [A3] (latenter Verdacht, dass begonnener Lösungsanlauf nicht zum Ziel führt) vermuten, wobei sich dieser eher auf das konkrete Abbrechen des Einzeichnens verschiedener Linien bezieht, nicht aber auf den Betrachtungswechsel vom Fünfeck im Fünfstern hinzu (schließlich) Dreiecken im Fünfstern. Hier wäre eher der Anlass eine zunächst fehlende Vorstellung darüber, wohin die Fortentwicklung dieser Idee (Betrachtung der Fünfecke) führen kann, Wechselanlass [A8] (Unbestimmtheit und zu hohe Allgemeinheit eine Idee) also.

Inhaltlich wechselt die Versuchsperson die Betrachtungsebene, indem sie das Fünfeck vorerst wieder außer Acht lässt, es findet also ein *Absichtswechsel* statt.

Wechsel 3
Der letzte Wechsel findet statt, als die Versuchsperson nach dem Aufstellen, Umformen und Einsetzen von Gleichungen bezüglich der Innenwinkelsummen verschiedener Dreiecke und der Innenwinkelsumme des Fünfecks zu einer Gleichung gelangt, der sie keinen lösungsförderlichen Inhalt entnehmen kann (vgl. IV – VII), da sich immer noch zu viele unbekannte Variablen in ihr befinden. Sie äußert nun, auch in Anbetracht der Zeit, dass sie „sich geschlagen gibt", findet aber doch noch einen neuen Denkansatz, indem sie neue Dreiecke im Fünfstern betrachtet. Die verbliebene Zeit reicht allerdings lediglich dafür aus, diese in einer Skizze zu markieren (vgl. VIII), dann sind die 60 Minuten Bearbeitungszeit vorbei und die Versuchsperson hat leider keine Lösung gefunden.

Als Anlässe für diesen dritten Wechsel können hier zwei Mögliche identifiziert werden: zum einen der Verdacht, dass der begonnene Lösungsanlauf nicht zum Ziel führt, [A3]. Begründungen für diesen Anlass sind mitunter, wie in diesem Fallbeispiel, sehr indirekt zu finden. Hier kann man den Wechselanlass darin sehen, dass die Versuchsperson äußert, dass sie der letzte Lösungsweg nicht weiter gebracht habe und sie sich geschlagen gebe.

54:31	Hm. / $540°-$ eins, acht, null, null. / Das hat uns jetzt ja weiter gebracht. / Oh man. / Na, dann rechnen wir da noch $\cdot -1$. [notiert $\mid \cdot (-1)$ hinter $\mid -1800°$ und $+1260 = 5 \cdot (\alpha + \beta + \gamma + \delta + \varepsilon) + a + b + c + d + e + f + g + h + i + j$] //////	
55:39	Okay, also das hat uns nicht weiter gebracht. /////	
56:06	Hm. // Na gut. Ich glaub, ich geb mich mal geschlagen. / Vielleicht kommen wir noch auf irgendeine Idee. ////////////	

(Tab. 3.6: Auszug aus dem Videotranskript von VP11)

Ebenso, gerade in Anbetracht der noch zu verbleibenden Zeit, ist es möglich, dass auch der Wechselanlass [A6] (vermutlich noch zu erbringender hoher zeitlicher Aufwand) ausschlaggebend für den Wechsel war.

Inhaltlich wechselt die Versuchsperson an dieser Stelle den Betrachtungswinkel auf den Fünfstern. Bisher hat sie ihn als Figur innerhalb eines Fünfecks gesehen und auch auf Grundlage dessen die entsprechenden Gleichungen aufgestellt, während sie nun Dreiecke innerhalb der Figur betrachtet und (vermutlich) auch auf der Grundlage über die Innenwinkelsumme von Dreiecken weiter vorgegangen wäre. Der Wechsel kann also den *Absichtswechseln* zugeordnet werden.

6.2.4.a Beschreibung der Bearbeitung von Versuchsperson 13

Zu Beginn der Bearbeitung liest sich die Versuchsperson 13 die Aufgabenstellung durch und wiederholt sie anschließend mit ihren eigenen Worten. Nachdem sie dann verbal festgehalten hat, dass Längen innerhalb der Skizze außer Acht gelassen werden können, da man die Spitzen auch verschieben könnte, greift sie zur Formelsammlung und sucht im

Kapitel zur Geometrie nach Ideen. Sie formuliert dann ziemlich zügig die Idee, dass wenn man ein Dreieck im Fünfstern betrachtet, von dem zwei Ecken jeweils aus einer Sternspitze bestehen und die Dritte Ecke an einem Innenwinkel des innenliegenden Fünfecks liegt, und ja in der Summe 180° ergeben (Innenwinkelsumme im Dreieck), die übrigen drei Innenwinkel des Fünfsterns so groß sein müssen, wie der entsprechende Innenwinkel des Fünfecks, da auch sie die beiden Sternspitzen des Dreiecks zu 180° ergänzen. Um diese Idee zu verwenden, benennt die Versuchsperson zunächst alle Innenwinkel des Fünfsterns mit a, b, c, d und e, sowie die Innenwinkel des innenliegenden Fünfecks mit f, g, h, i und k. Sie stellt nun die ersten zwei Gleichungen auf, bemerkt dabei aber, dass sie von der Behauptung ausgeht und vermerkt die Gleichung mit dem Hinweis „Beweisen!" (vgl. I). Bevor sie damit fortfährt die übrigen Gleichungen aufzustellen, bemerkt sie ferner die Nebenwinkeleigenschaft der Innenwinkel des innenliegenden Fünfsterns.

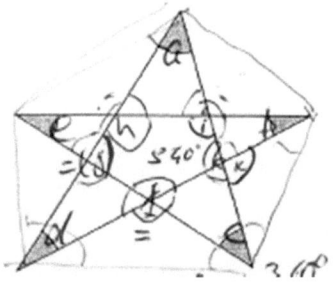

Abb. 29.1: Ausschnitt aus der Bearbeitung von VP13

Sie stellt nun weitere Gleichungen auf, so dass sie insgesamt fünf Gleichungen untereinander stehen hat. Direkt daran anschließend formuliert er die Idee, auch die Innenwinkelsumme des Fünfecks zu benutzen und errechnet für sie unter Verwendung des Terms $(n-2) \cdot 180°$ eine Innenwinkelsumme von zunächst 520°. Sie verbindet nun die Sternspitzen ebenfalls zu einem Fünfeck (vgl. Abb. 27.1) und korrigiert die Innenwinkelsumme zu 540°. Allerdings zweifelt er noch an der Korrektheit dieses Betrages und überprüft die Formel nochmal.

Dieses Zwischenergebnis ergänzt sie nun in seinem Gleichungssystem (vgl. I) und ersetzt die darin auftauchenden Variablen durch die entsprechenden Terme aus dem Gleichungssystem. Nach kurzem Zusammenfassen kommt sie so auf die „Lösung". Beim kontrollieren des Lösungsweges fällt ihr dann der Kreisläufer auf, also dass ihr Beweis nur gilt, wenn die Behauptung stimmt.

Sie orientiert sich also nochmal neu an der Skizze und entdeckt die Scheitelwinkeleigenschaft, welche sie auch entsprechend in der Skizze markiert (vgl. Abb. 27.1). Sie beschließt an dieser Stelle aber, sich zunächst ein neues Blatt zu nehmen und sammelt auf ihm, die bisherigen Informationen/Gedanken über Zusammenhänge innerhalb der Figur nochmal neu (Innenwinkelsumme Fünfeck, Nebenwinkeleigenschaft, Scheitelwinkeleigenschaft) und benennt die Winkel erneut (vgl. Abb. 27.2).

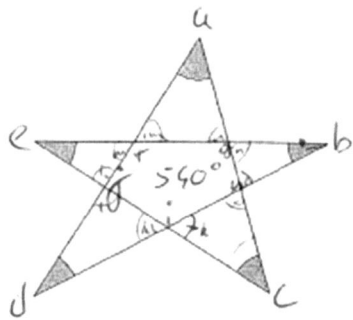

Abb. 29.2: Ausschnitt aus der Bearbeitung von VP13

Aus der Nebenwinkeleigenschaft heraus stellt die Versuchsperson nun zwei neue Gleichungen auf (vgl. II), in welchen die Basiswinkel an einem aufgesetzten Dreieck durch ihre Nebenwinkel (Innenwinkel des innenliegenden Fünfecks) ausgedrückt werden. Diese Basiswinkel bindet die Versuchsperson nun in die Gleichung über die Innenwinkelsumme in diesem speziellen Dreieck ein und drückt so eine Sternspitze durch zwei Innenwinkel des innenliegenden Fünfecks aus.

Dies führt die Versuchsperson nun auch für alle übrigen Innenwinkel des Fünfsterns durch und erhält so insgesamt fünf Gleichungen, welche sie in einem nächsten Schritt addiert. Die addierten Innenwinkel des Fünfecks ersetzt sie nun durch die Innenwinkelsumme =

540° und nach einigem Umformen und zusammenfassen, kommt sie nach nur knapp 20 Minuten auf die Lösung.

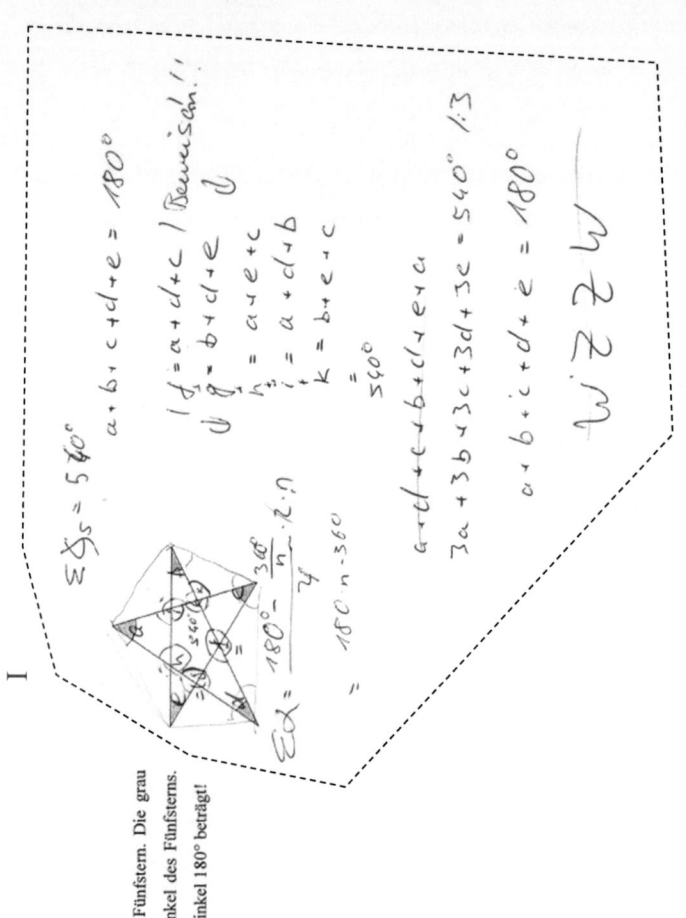

Die Abbildung zeigt einen so genannten Fünfstern. Die grau eingezeichneten Winkel sind die Innenwinkel des Fünfsterns. Beweisen Sie, dass die Summe der Innenwinkel 180° beträgt!

Abb. 30.1: Bearbeitungsbogen 1 der VP13

Die Abbildung zeigt einen so genannten Fünfstern. Die grau eingezeichneten Winkel sind die Innenwinkel des Fünfsterns. Beweisen Sie, dass die Summe der Innenwinkel 180° beträgt!

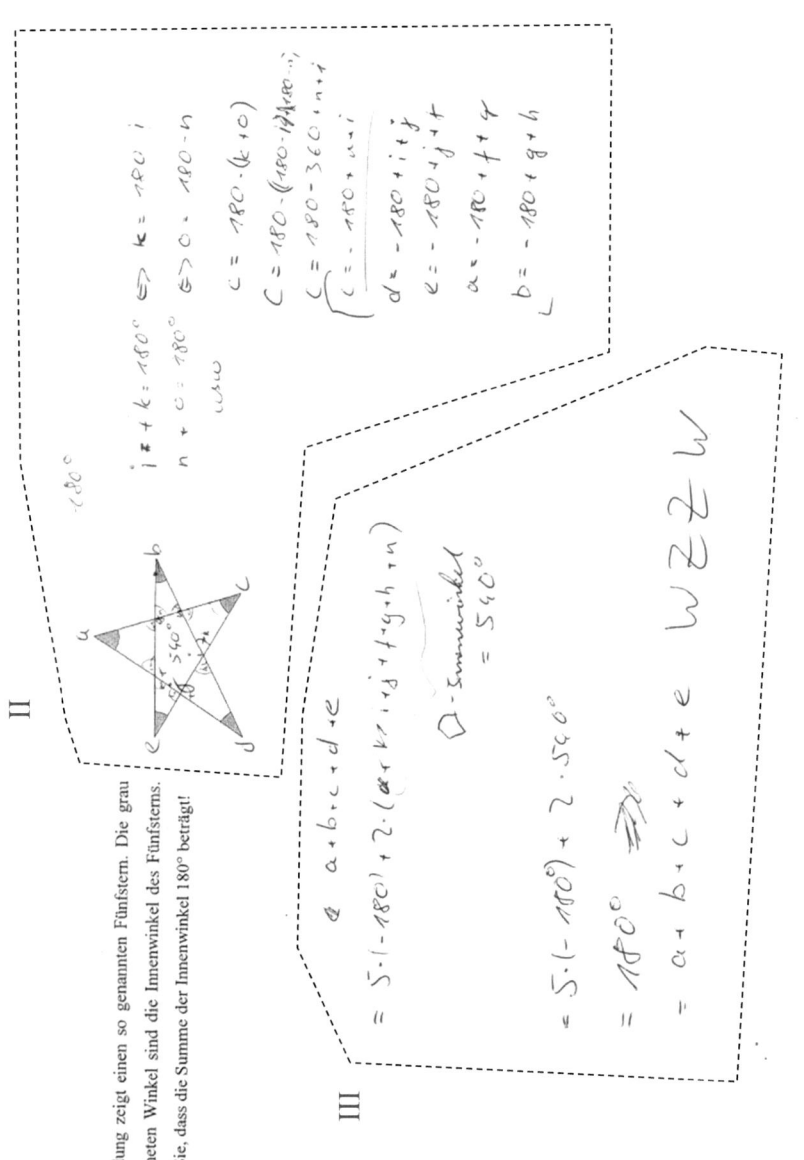

II

$j + k = 180° \Leftrightarrow k = 180° - j$
$n + c = 180° \Leftrightarrow c = 180° - n$

$c = 180° - (k + c)$
$c = 180° - ((180° - j) + (180° - n))$
$c = 180° - 360° + n + j$
$\underline{c = -180° + n + j}$

$d = -180° + i + j$
$e = -180° + j + i$
$a = -180° + i + i$
$b = -180° + g + h$

III

$a + b + c + d + e$
$= 5 \cdot (-180°) + 2 \cdot (a+k+i+j+f+g+h+n)$

$\qquad$ ⌒-Innenwinkel
$\qquad = 540°$

$= 5 \cdot (-180°) + 2 \cdot 540°$
$= 180°$ w.z.z.w.
$= a + b + c + d + e$

Abb. 30.2: Bearbeitungsbogen 2 der VP13

6.2.4.b Analyse der Bearbeitung von Versuchsperson 13

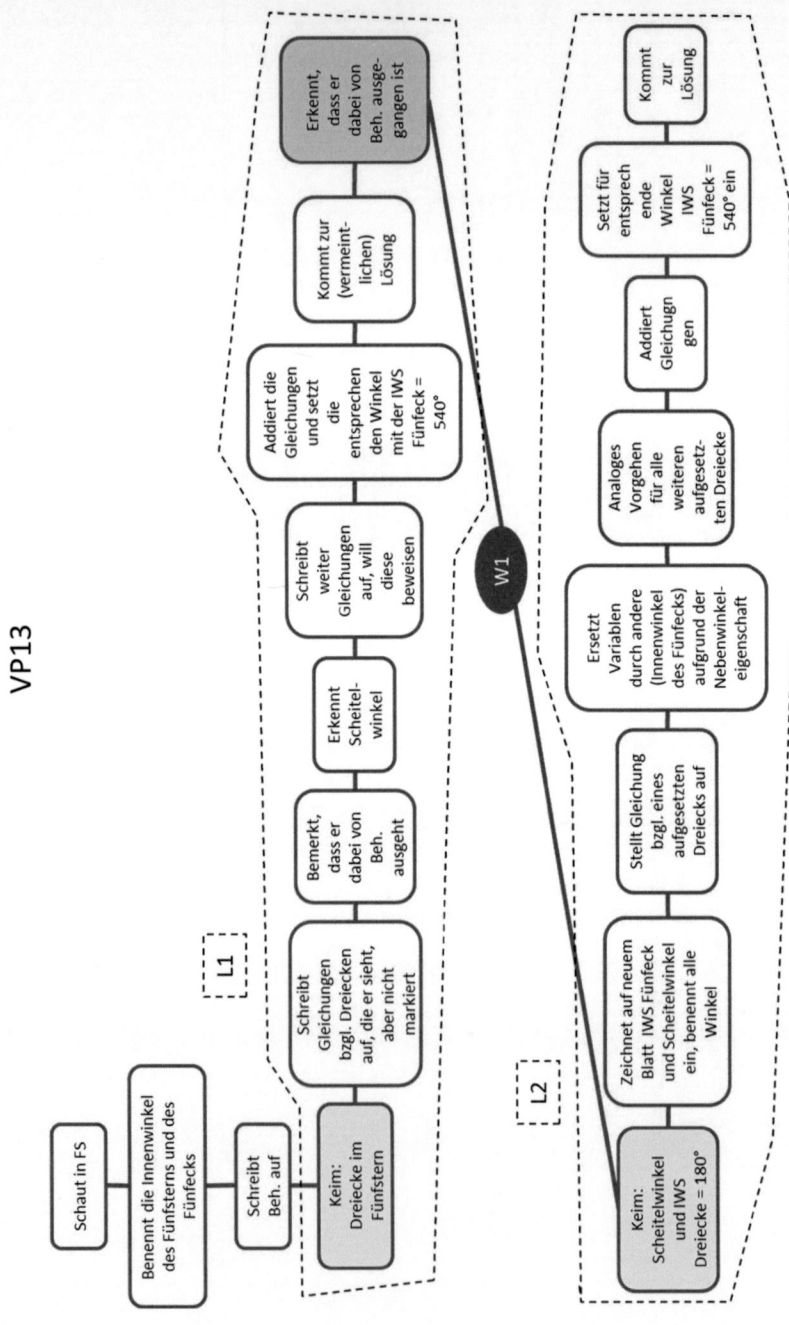

Abb. 31: Flussdiagramm der VP13

Die Versuchsperson 13 verhält sich innerhalb ihres Problembearbeitungsprozesses sehr gezielt und hat sehr schnell viele lösungsförderliche Ideen. Sie sieht schnell geometrische Zusammenhänge und wendet mathematisches Vorwissen (wie z.B. die Formel zur Innenwinkelsumme eines n-Ecks) gezielt an.

Insgesamt verfolgt sie daher auch lediglich zwei Lösungsansätze und wechselt nur einmal ihr Vorgehen.

Wechsel 1

Der einzige Wechsel in diesem Bearbeitungsprozess findet an der Stelle statt, an dem sie ihren ersten zunächst vermeintlich erfolgreichen Lösungsansatz kontrolliert und erkennt, dass sie dabei von der Behauptung ausgegangen ist und somit einen Kreisläufer produziert hat.

10:13	So, nochmal kurz durchgehen, ob mein Beweis hin haut. / Also hier f + dieses + jenes + jenes. / Ne, das gilt aber nur, wenn das ist. Das muss ich doch beweisen, dass das so ist. Also anders, a, die sind 540°. Das heißt, hier die Außenwinkel zusammen / und die sind immer gleich groß, sind gleich, die sind gleich, sind gleich, sind gleich und so weiter. Ja. / Mal sehen. Dass das so ist, weiß ich. Aber dass das so ist, muss ich beweisen. Das ist ja unsere, das ist ja die Vermutung. So ein Schwachsinn. ////	

(Tab. 4.1: Auszug aus dem Videotranskript von VP13)

11:51	Ja, habe ich, da war ich dann ja fertig, die Innenwinkelsumme zu überprüfen. // Ja, da schreibe ich dann halt gerade hin, dass die ganzen Innenwinkel 540° sind und das dementsprechend auch der ganze Rest 540° sein muss. Das Problem ist halt nur, dass ich da von der Annahme ausgehe, dass das 180° sein muss. Das ist was vollkommen anderes, was ich da gezeigt habe. // Ja, hätte ich auch gleich die 3 ausklammern können und das oben nicht durchstreichen, naja, hinterher ist man immer schlauer. ////	
13:12	Ja, das Problem ist nur, dass das kein Beweis ist, weil ich da von dem zu beweisenden ausgehe. Also, das ist so, ja. ist halt recht bekloppt. ////	

(Tab. 4.2: Auszug aus dem Audiotranskript von VP13)

Sie orientiert sich daraufhin neu in der Figur und entdeckt die Scheitelwinkeleigenschaft, was sie dazu veranlasst, auf einem neuen Blatt zunächst alle bisher gesammelten Zusammenhänge im Fünfstern festzuhalten und dann mit ihnen weiter zu arbeiten.

Als Anlass für diesen Wechsel kann der Wechselanlass [A16] (Widerspruch innerhalb / Unkorrektheit eines (Teil-)ergebnisses) angenommen werden, da die Versuchsperson erst nach Beendigung des Lösungsansatzes bzw. seiner negativ ausfallenden Kontrolle einen Wechsel vornimmt (vgl. Tab. 4.1 bzw. Tab. 4.2).

Der Inhalt dieses Wechsels kann einerseits den *Absichtswechseln* zugeordnet werden, da die Versuchsperson sich neu in der Figur orientiert, aber auch den *Startpunktwechseln*, da sie sich auf mehrere Zusammenhänge bezieht, die sie während des ersten Lösungsansatzes gefunden hat.

Wie schon erwähnt, hat dieser eine und sehr gezielte Wechsel dann auch tatsächlich eine schnelle und korrekte Lösung zur Folge.

6.2.5.a Beschreibung der Bearbeitung von Versuchsperson 14

Zu Beginn der Bearbeitung liest die Versuchsperson 14 die Problemstellung durch und benennt direkt im Anschluss die Innenwinkel des Fünfsterns mit 1, 2, 3, 4 und 5 und schreibt unter Verwendung dieser Bezeichnungen die Behauptung auf.

Als nächstes fällt ihr sofort ein Dreieck im Fünfstern auf, welches sie auch in der Skizze grün markiert (vgl. Abb. 5.1).

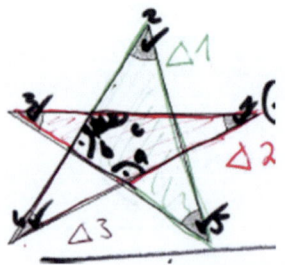

Abb. 32.1: Ausschnitt aus der Bearbeitung der Versuchsperson 14

Sie überlegt dann, ob ein Winkel dieses Dreiecks möglicherweise ein rechter Winkel ist, bzw. das Dreieck gleichschenklig, da sie dann ja davon ausgehen könnte, dass zwei Seiten des Dreiecks gleich lang sind. Sie benennt dieses Dreieck aber zunächst erst mal mit Δ1 und findet zwei weitere Dreiecke, Δ2 und Δ3, welche sie ebenfalls in der Skizze markiert (vgl. Abb. 30.1). Sie hat damit nun alle Innenwinkel des Fünfsterns abgedeckt, wie auch einige Innenwinkel des innenliegenden Fünfecks. Sie äußert nun die Überlegung, dass die Innenwinkelsumme im Dreieck 180° betragen und stellt sogleich eine Gleichung auf, in welcher sie die Innenwinkelsummen dieser Dreiecke addiert.

$$\Delta 1 + \Delta 2 + \Delta 3 = 3 \cdot 180° = 540°$$

Sie zieht davon nun die nicht zu den Innenwinkeln des Fünfsterns gehörigen Winkel (welche sie mit a, b und c bezeichnet) wieder ab, ebenso wie den einen doppelt gezählten Winkel 1 und kommt auf die Gleichung: $a + b + c + 1 = 360°$.

Um mit dieser Gleichung weiterzuarbeiten geht sie an dieser Stelle wieder auf ihre Überlegung über den rechten Winkel (Winkeln b) zurück, überprüft diese Vermutung durch Nachmessen. Sie kommt (fälschlicherweise) zu der Erkenntnis, dass der Winkel b 90° beträgt und folgert daraus (ebenfalls fälschlicherweise), dass die Winkel 2 und 5 daher gleich groß sein müssen, nämlich jeweils 45° (vgl. II). Ein ähnliches Vorgehen möchte sie nun auch bei dem Δ2 anwenden, misst hier aber nochmal die Seitenlängen aus, bevor sie davon ausgeht, dass auch dieses Dreieck gleichseitig ist und kommt zu der Erkenntnis, dass sie damit falsch lag. Aus diesem Anlass misst sie auch die Seiten des Δ1 nochmal nach und kommt auch hier zu der Erkenntnis, dass ihre Annahme der Gleichseitigkeit **nicht** korrekt war. Sie streicht daraufhin die Ergebnisse für Winkel 2 und Winkel 5 wieder durch und klammert auch die **Rechnung ein** (vgl. II).

Sie betrachtet ihre Dreiecke in der Figur nun neu und schreibt zunächst für jedes Dreieck eine einzelne Gleichung bzgl. der Innenwinkelsumme auf, welche sie in einem zweiten Schritt gleichsetzt (vgl. III), wobei sie an dieser Stelle fälschlicherweise die Terme auf der linken Seite der Gleichungen zwar gleichsetzt, aber die Innenwinkelsummen auf der rechten Seite der Gleichungen addiert.

$$2 + 5 + b = 180°$$
$$1 + 4 + c = 180° \left.\vphantom{\begin{array}{c}1\\1\\1\end{array}}\right\} \quad 2 + 5 + b = 1 + 4 + c = 1 + 3 + a = 540°$$
$$1 + 3 + a = 180°$$

Die Versuchsperson verwendet diese Gleichung allerdings nicht weiter, sondern greift zu einem neuen Blatt Papier und orientiert sich in der neuen noch völlig unbeschrifteten Skizze. Sie entdeckt nun die Nebenwinkeleigenschaft, mit der sie zunächst aber nicht arbeitet. Stattdessen nimmt sie die Formelsammlung zur Hilfe und sucht nach Figuren, die sie im Fünfstern erkennen könnte. Nachdem sie ein Drachenviereck und ein Trapez ausgeschlossen hat, bemerkt sie das innenliegende Fünfeck. Sie markiert nun die Innenwinkel des Fünfecks und verbalisiert erneut die Nebenwinkeleigenschaft. Um daraus nun Gleichungen zu entwickeln, benennt sie die Innenwinkel des Fünfsterns nun mit a,b,c,d und e, sowie die Innenwinkel des Fünfecks mit 1,2,3,4 und 5, genau andersrum als in ihrer Skizze aus I (vgl. Abb. 30.2).

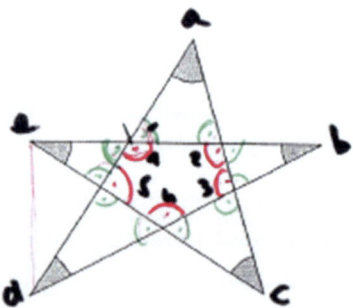

Abb. 32.2: Ausschnitt aus der Bearbeitung der Versuchsperson 14

Sie stellt nun ein Gleichungssystem bestehend aus fünf Gleichungen auf, in der sie die aufgesetzten Dreiecke betrachtet und über ihre Innenwinkelsummen argumentiert. Hierbei drückt sie die jeweils zwei fehlenden Winkel eines solchen aufgesetzten Dreiecks durch die Nebenwinkel aus (vgl. V). Sie bemerkt an dieser Stelle schon, dass es günstig wäre, zu wissen, wie groß die Innenwinkel des Fünfecks sind und sucht danach (erfolglos) in der Formelsammlung.

Daraufhin orientiert sie sich nochmal neu in der Skizze und erkennt die Scheitelwinkeleigenschaft. Allerdings bemerkt sie ebenfalls, dass ihr diese Erkenntnis insofern nichts nützt, da sie auch hier die Innenwinkelsumme des Fünfecks benötigt.

Sie entscheidet sich stattdessen, die einzelnen Gleichungen aus ihrem Gleichungssystem aufzulösen, tut sich aber sehr schwer damit, die Klammern aufzulösen. Im Zuge dessen vergewissert sie sich auch an einem konkreten Zahlenbeispiel über die Anwendung von Regeln zum Auflösen von Klammern. Sie löst also die erste Gleichung dieses Gleichungssystems auf, ist sich aber auch im Nachhinein nicht sicher, die Klammern richtig aufgelöst zu haben und streicht sie wieder durch (vgl. V). An dieser Stelle merkt sie wiederholt an, dass ihr die Innenwinkelsumme des Fünfecks weiterhelfen würde.

Sie orientiert sich nun nochmal neu in der Figur und betrachtet und drückt einen Innenwinkel des Fünfecks durch die Innenwinkelsumme des ihm zugehörigen Dreiecks und die dazugehörigen beiden Winkel an den Sternspitzen aus: $1 = 180° - d - b$

Sie formuliert nun eine Gleichung für einen, bzw. beide Nebenwinkel, welche sie dafür mit 1a und 1b bezeichnet und kommt nach Umformen auf: $d + b = 1a = 1b$

Das Gleiche tut sie auch für einen weiteren Winkel, der zu dem aufgesetzten Dreieck an der Sternspitze e gehört und kommt so auf: $a + c = 5a = 5b$

Mit diesen beiden Gleichungen drückt sie nun die den Winkel e an der Sternspitze aus und kommt nach einigem Umformen auf die gewünschte Lösung: $a + b + c + d + e = 180°$.

Anschließend zeichnet sie die Skizze aus Abb. 30.2 nochmal ab (vgl. VII).

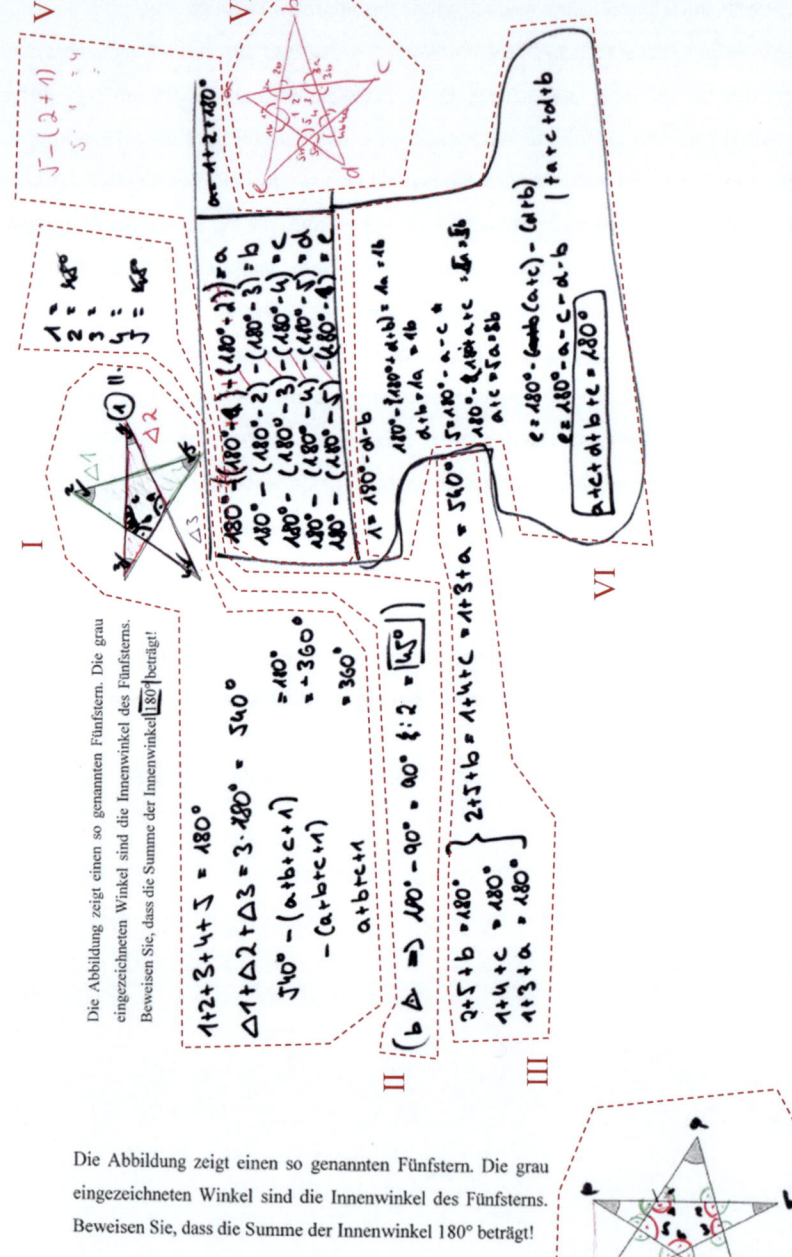

Abb. 33.1: Bearbeitungsbogen 1 der VP14

Abb. 33.2: Bearbeitungsbogen 2 der VP14

6.2.5.b Analyse der Bearbeitung von Versuchsperson 14

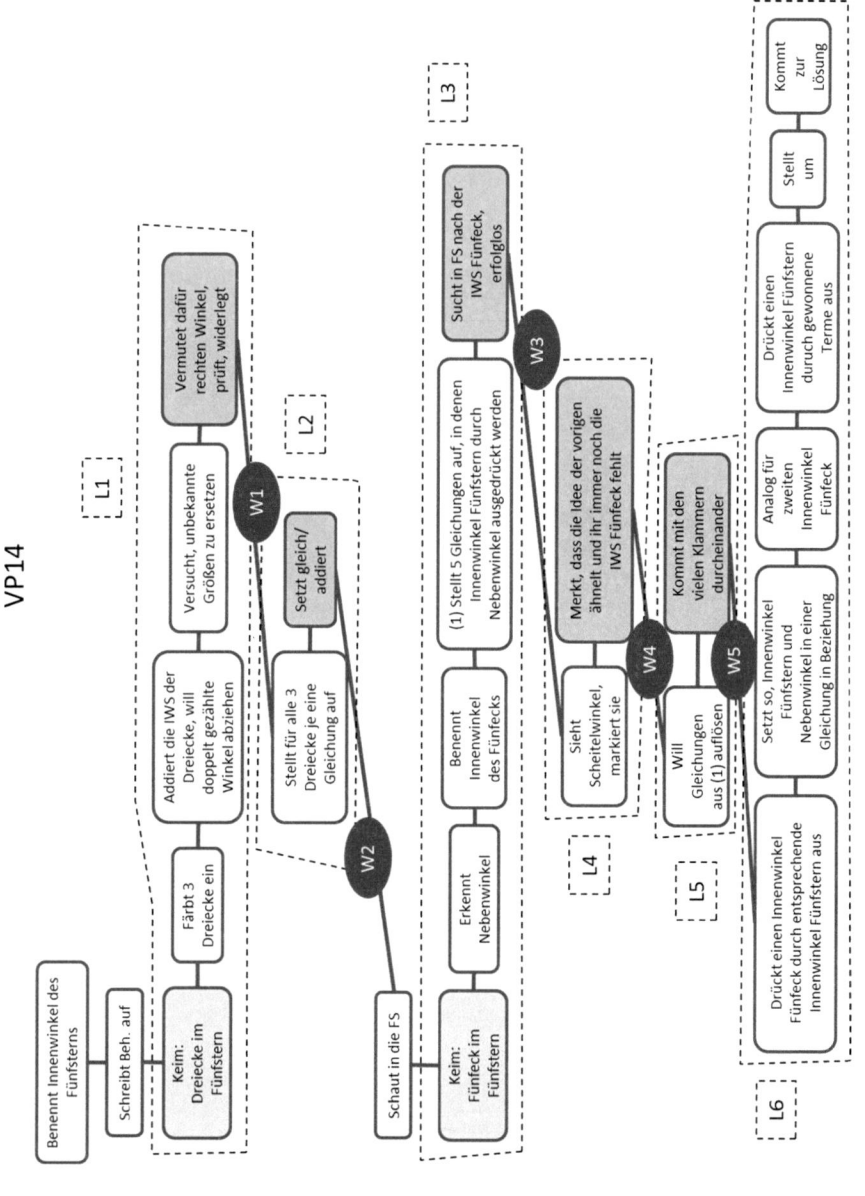

Abb. 34: Flussdiagramm VP14

Die Versuchsperson 14 durchläuft insgesamt sechs Lösungsanläufe [L1] – [L6]. Insgesamt hat sie viele gute Ideen, jedoch zeichnet sich dieser Bearbeitungsprozess dadurch aus, dass sie kaum auf vorherige Lösungsanläufe zurückgreift. Es lassen sich hier also insgesamt fünf Wechsel ausmachen.

Wechsel 1

Der erste Wechsel findet an der Stelle statt, an der sie ihre anfängliche Vermutung über einen 90°-Winkel innerhalb eines Dreiecks, bzw. die Gleichschenkligkeit durch Nachmessen verwirft.

05:55	……..
	Das heißt, ich weiß schon mal, dass die Winkel 2 und 5 jeweils 45° haben. Das schreibe ich mir jetzt mal hier auf. Winkel 1,2,3,4,5. So, der Winkel 2 hat 45° und der Winkel 5 hat 45°. Weiter mache ich mal mit dem Dreieck Nummer 2. Ähm. Da habe ich ja jetzt wieder ein gleichseitiges. Also auf jeden Fall habe ich keinen rechten Winkel. Mal gucken, 3,2. Oh, es ist auch nicht gleichseitig. Ich messe das hier auch nochmal nach. 4cm genau. Oh, das ist auch gar nicht gleichseitig. Dann ist das wahrscheinlich doch nicht richtig. / Ich klammere das mal ein.

(Tab. 5.1: Auszug aus dem Videotranskript von VP14)

06:18	Das ist glaube ich falsch jetzt, weil ///// ja, das Problem ist halt glaube ich, dass der Winkel 1 und 2, ähm, nein, 1 und 3 ist das glaube ich, ne? Die sind nicht gleich groß. Das war glaube ich ein Fehler. Das kann man so nicht sagen. Und 2 und 5, okay. // Ich glaube, man hätte nur sagen können, wenn es überhaupt ein rechter Winkel ist, dass eben 2 und 5 zusammen 180° ergeben, aber ich glaube auch, also man kann ja nicht einfach annehmen, dass das ein rechter Winkel ist. Von da her ist das, glaube ich, nicht so klug gewesen. ///// Ja, da habe ich dann eben gemerkt, dass das nicht gleichseitig ist. ////

(Tab. 5.2: Auszug aus dem Audiotranskript von VP14)

Der Anlass ist in diesem Fall also der Wechselanlass [A16] (Widerspruch innerhalb / Unkorrektheit eines (Teil-)ergebnisses).

Inhaltlich bezieht sich die Versuchsperson im Folgenden wieder auf ihre 3 Dreiecke und stellt nun für jedes einzelne Dreieck eine neue Gleichung auf. Sie vollzieht hier also einen *Startpunktwechsel*. Jedoch kann dieser Wechsel auch den *Operatorwechseln* zugeordnet werden, denn sie verwendet hier zwar die gleiche Ausgangslage, jedoch führt sie andere Operationen (Gleichsetzen, Addieren) mit den Gleichungen aus.

Wechsel 2

Der zweite Wechsel erfolgt, nachdem sie die eben genannten Operationen mit den neuen Gleichungen durchgeführt hat, sich danach aber wieder neu in der Skizze (und auch der Formelsammlung) orientiert, bis sie auf die Idee kommt, ein Fünfeck in der Figur zu betrachten.

08:02	Ähm. / Ich kann das ja jetzt eigentlich alles gleichsetzen. Ich weiß nicht, ob mir das was hilft / und zwar könnte ich ja sagen. Ich mache das einfach mal $2+5+b=1+4+c=1+3+a$, ähm, tsja, und das muss wieder / 540° groß sein. Das sind ja alle Winkel zusammen. So. Ich muss mir das nochmal kurz einmal angucken [„Ausdruck undeutlich"]. //
10:10	Kann man das vielleicht so machen, dass man sagt, dieser Winkel taucht ja sozusagen, 180 minus diesen Winkel tauchen da nochmal auf, weil da habe ich 180°. ……..

(Tab. 5.3: Auszug aus dem Videotranskript von VP14)

Dem Videotranskript, aber besonders auch dem Audiotranskript (vgl. Tab. 5.4) kann man für den Anlass dieses Wechsels entnehmen, dass die Versuchsperson mit der gewonnen Gleichung nichts anzufangen weiß.

10:03	Ja, da wusste ich halt gar nicht mehr weiter, weil ich mit dem, was ich da aufgeschrieben habe, halt nicht so richtig weiterkam. Dann habe ich mir das nochmal richtig angeguckt. ////

(Tab. 5.4: Auszug aus dem Audiotranskript von VP14)

Diesem Wechsel kann also hier der Wechselanlass [A3] (latenter Verdacht, dass begonnener Lösungsanlauf nicht zum Ziel führt) oder aber auch [A15] (Verkennung des mathematischen Nutzens) zugeordnet werden. Gerade bei solchen Wechseln, bei denen die Versuchspersonen gar nichts äußern, oder lediglich eine Begründung wie „Ich wusste/kam nicht weiter." sind diese Zuordnungen natürlich spekulativ.

Auf inhaltlicher Ebene wechselt die Versuchsperson vor allen Dingen die Betrachtungseben und bezieht sich auch nicht mehr auf die bisher angestellten Überlegungen. Es liegt also ein *Absichtswechsel* vor.

Wechsel 3
Der dritte Wechsel findet an der Stelle statt, als der Versuchsperson zur weiteren Verwendung der bisher aufgestellten fünf Gleichungen die Innenwinkelsumme des innenliegenden Fünfecks fehlt. Sie sucht danach zwar in der Formelsammlung, aber leider erfolglos. Sie wechselt an dieser Stelle dahingehend, dass sie weitere Winkelbeziehungen in der Figur sucht.

Als Anlass für diesen Wechsel kann relativ klar ein Wissensdefizit ausgemacht werden, er ist also dem Wechselanlass [A2] (derzeitige Wissensdefizite) zuzuordnen.

| 11:03 | Ja, genau. Jetzt habe ich mir halt die Winkel angeguckt. Ähm. / Das, glaube ich, wäre nicht so klug gewesen. // Wer weiß, vielleicht hätte man das so auch machen können. / Ja, genau. Jetzt habe ich halt gehofft, dass innen drin dieses Fünfeck, dass man sagen kann, alle Fünfecke haben einen Winkel von, also alle Winkel von dem Fünfeck zusammengezählt, sind bestimmt groß. Das habe ich aber nicht gefunden. //// | |

(Tab. 5.5: Auszug aus dem Audiotranskript von VP14)

Die Neuorientierung in der Figur, bzw. das Suchen nach neuen Winkelbeziehungen ist zwar kein stark ausgeprägter, aber dennoch vorhandener *Absichtswechsel*, da sie nun andere Winkel betrachtet als zuvor.

Wechsel 4
Der vierte Wechsel erfolgt nur wenig später, aber im Prinzip aus genau den gleichen Gründen. Denn auch mit der Scheitelwinkeleigenschaft gerät die Versuchsperson wieder in die Situation, dass ihr die Innenwinkelsumme des Fünfecks fehlt.

| 17:12 | Aha. Aber es ist so, wenn sich das hier schneidet. Genau. Das ist nämlich so, dass dann dieser Winkel gleich dem Winkel ist und zwar sind die Winkel, ah, jetzt habe ich eine Idee. Der Winkel ist gleich dem Winkel, der Winkel ist gleich dem Winkel, der Winkel ist gleich dem Winkel und der Winkel ist gleich dem Winkel. Ähm, und das müsste ja jetzt so sein, dass diese Winkel, ja die sind gleich groß und zwar sind die so groß 180 – der, der Winkel von 1. Mist, ich muss diese Winkel irgendwie rauskriegen. Das ist ja eigentlich das, was ich hier auch schon stehen habe. Ähm. Ah, wenn man jetzt wüsste, wie groß die Winkel da sind, das wäre schön. Ähm. / Vielleicht, ne man / oh, wie groß sind diese Winkel da innen drin? / Tja. // | |

(Tab. 5.6: Auszug aus dem Videotranskript von VP14)

Der Anlass ist hier also wieder das Wissensdefizit [A2].

Inhaltlich bezieht sich die Versuchsperson nun wieder auf ihr Gleichungssystem aus [L3] und versucht, die einzelnen Gleichungen, die ja durch die Klammersetzung sehr komplex sind, aufzulösen. Hier findet also ein *Startpunktwechsel* statt.

Wechsel 5

Der fünfte und letzte Wechsel findet statt, nachdem die Versuchsperson damit begonnen hat, die Gleichungen aus V aufzulösen. Sie scheitert jedoch bei dem Versuch, bzw. ist sich nicht sicher, ob sie die Klammerregeln korrekt anwendet und beschließt aus dieser Unsicherheit heraus, den Lösungsanlauf zu beenden und sich nochmals neu in der Figur zu orientieren.

Als Anlass können hier mehrere Umstände gesehen werden, die wahrscheinlich gleichsam auf die Entscheidung zum Wechseln einwirken. Zum einen weist die Versuchsperson ein definitives Fertigkeitsdefizit auf, da sie die Regeln des Klammernauflösens nicht adäquat beherrscht. Diese Tatsache kann man dem Wechselanlass [A2] (derzeitige Wissensdefizite) zuordnen, da Wissensdefizite und Fertigkeitsdefizite eng beieinander liegen. Des Weiteren treten aus Sicht der Versuchsperson an dieser Stelle mathematische Schwierigkeiten auf und es kann auch der entsprechende Anlass [A11] angenommen werden. Letztendlich führt dies wohl auch dazu, dass der Wechselanlass [A7] (Zweifel an der sachlichen

Korrektheit von (Teil-)ergebnissen, eingebrachten Inhalten und/oder gewählten, bzw. bereits ausgeführten Maßnahmen) eine Rolle spielt.

19:00	Ich weiß nicht, ich könnte ja das jetzt hier mal ausrechnen, aber ich glaube nicht, dass mir das irgendwie hilft. Ich hätte ja 180°, wenn ich die Klammern mal weglasse, / puh, wie, dann wird jetzt hier ein Plus draus, ne? 180°-180°-1. Oh Gott. / Ich muss mir mal kurz überlegen, ob ich die Klammern einfach so weglassen kann. Wenn ich $5-(2-1)$ habe, dann wäre das so gerechnet $2-1=1$, $5-1=4$ und wenn ich das weglassen würde, dann hätte ich $5-2=7-$, $5-2=3-1$ ja das heißt da muss ein Plus draus werden. Das heißt, wenn ich die Klammern weglasse, dann habe ich plus, Klammer weglassen, plus, Klammer weglassen. Und denn hätte ich ja schon mal 180°-180° fällt weg. Geht das so einfach, dass ich das weglasse? Naja, ich muss das hier auch nochmal in Klammern setzen. So, und jetzt habe ich ja nochmal ein Minus davor, das heißt ich kann das weglassen, wenn ich hier nochmal ein Plus zwischen mache. Oh, wenn das jetzt mal richtig ist. Dann habe ich auf jeden Fall, das fällt weg. 1+2+100, da würde dann rauskommen $a = 1 + 2 + 180°$.	
21:08	Hab ich das jetzt zufällig? 1, ne. Moment, ich muss jetzt mal eben gucken. Achso, das habe ich ja hier gemacht, ne? Dieser Winkel ist so groß wie der Winkel und der Winkel + 180°. Ja. / Hä? Ist das richtig? Da habe ich bestimmt hier irgendwas durcheinander gebracht? Okay, ähm, //	

(Tab. 5.7: Auszug aus dem Videotranskript von VP14)

Der Inhalt dieses Wechsels lässt sich wiederholt den *Absichtswechseln* zuordnen, denn auch nach dem Abbruch dieses Lösungsanlaufes orientiert sich die Versuchsperson neu in der Figur und betrachtet andere Winkelbeziehungen.

7 Zusammenfassung der Befunde

7.1 Auswertung der Bearbeitungsprozesse bezüglich des globalen Wechselverhaltens

Im vorherigen Kapitel haben wir uns die Bearbeitungsgänge der einzelnen Versuchspersonen sehr detailliert angeschaut und auf lokaler Ebene analysiert. Die Befunde aus diesen Untersuchungen sollen nun auf globaler Ebene betrachtet werden.

Hierzu sind die charakterisierten Wechselanlässe und Wechselinhalte im Folgenden in einer Übersicht den tabellarisch dargestellt (0: keine Lösung, X: Lösung).

Versuchsperson	Wechselanlässe	Wechselinhalte	Lösung?
VP1	[A7], [A16]	Absichtswechsel	0
	[A7]	Operatorwechsel, Startpunktwechsel, Heurismuswechsel	
	[A16], [A9]	Heurismuswechsel, Startpunktwechsel	
VP2	[A4]	Absichtswechsel	X
	[A12], [A1]	Startpunktwechsel	
	[A15]	Startpunktwechsel, Absichtswechsel	
	[A3], [A4]	Startpunktwechsel, Absichtswechsel	
VP11	[A16]	Absichtswechsel	0
	[A3], [A8]	Absichtswechsel	
	[A3], [A6]	Absichtswechsel	
VP13	[A16]	Absichtswechsel, Startpunktwechsel	X
VP14	[A16]	Startpunktwechsel, Operator-	X

		wechsel
[A3], [A15]	Absichtswechsel	
[A2]	Absichtswechsel	
[A2]	Starpunktwechsel	
[A2], [A11], [A7]	Absichtswechsel	

(Tab. 6: Übersicht über die Wechselanlässe und -inhalte)

Insgesamt wurden hier 25 Anlässe bestimmt, davon 12 verschiedener Art. Der am häufigsten vertretene Anlass ist der Wechselanlass [A16] (Widerspruch innerhalb / Unkorrektheit eines (Teil-) Ergebnisses), welcher insgesamt fünf Mal aufritt und mit Ausnahme der VP2 auch bei allen Versuchspersonen auftaucht. Ebenfalls ist der Wechselanlass [A3] (latenter Verdacht, dass begonnener Lösungsanlauf nicht zum Ziel führt) öfter vertreten, insgesamt vier Mal. Der Wechselanlass [A2] (derzeitige Wissensdefizite) ist genauso oft vertreten, wie der Wechselanlass [A7] (Zweifel an der sachlichen Korrektheit von (Teil-) Ergebnissen, eingebrachten Inhalten und/oder gewählten bzw. bereits ausgeführten Maßnahmen), jedoch ist zu [A2] zu bemerken, dass er sämtlich bei nur einer Versuchsperson (VP14) auftritt.

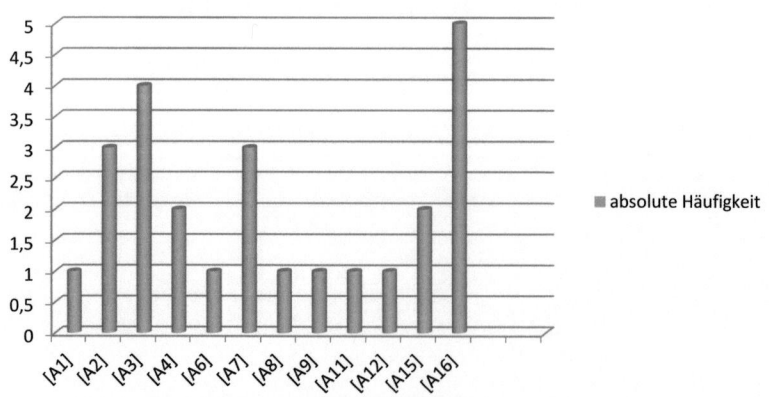

Abb. 35: Diagramm zur Häufigkeit der Wechselanlässe

Eine ähnliche Grafik erstellte auch schon HEINRICH (2004).

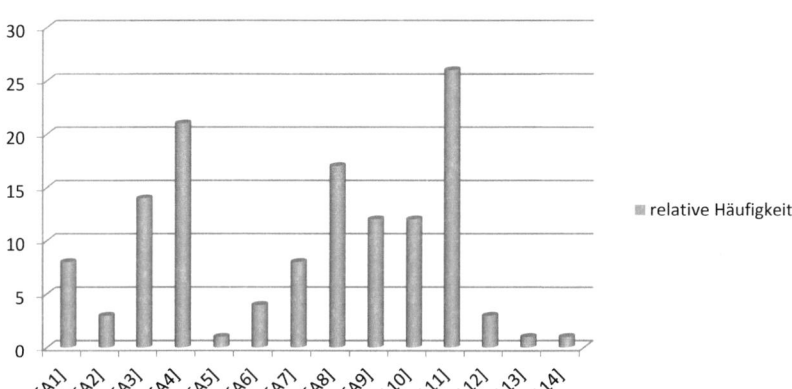

Abb. 36: Diagramm zur Häufigkeit der Wechselanlässe bei HEINRICH (2004)

Es ist erkennbar, dass eine unterschiedliche Verteilung der Wechselanlässe auftritt. Dieser Unterschied ist zum einen daran zu erklären, dass der in meinen Untersuchungen am häufigsten aufgetretene Wechselanlass [A16], sowie der ebenfalls vermehrt aufgetretene Wechselanlass [A15] in HEINRICHS Betrachtungen noch nicht erfasst wurden. Sie fallen daher vermutlich mit unter den Wechselanlass [A11]. Des Weiteren betrachtete Heinrich nicht einzelne Versuchspersonen beim individuellen Problemlösen, sondern Paare von Schülerinnen. Dies könnte erklären, warum bei ihm weiterhin gerade der Wechselanlass [A4] sehr häufig auftritt, denn das Aufkommen einer Alternative ist bei Versuchspaaren viel wahrscheinlicher.

Der Grund für die Häufung des Wechselanlasses [A16] könnte bedeuten, dass die Versuchspersonen insgesamt oft Lösungsansätze verfolgten, die erst abgebrochen wurden, nachdem ein klarer Widerspruch gezeigt wurde, also dass insgesamt eher konsequente Vorgehensweise vorherrschte. Der Wechselanlass [A3], welcher am zweithäufigsten auftritt, setzt dem entgegen, dass auch einige Lösungsanläufe vorzeitig beendet worden sind, bevor eine Überprüfung der Zwischenergebnisse stattgefunden hat. Ferner ist zu beobachten, dass die Anlässe [A16] und [A3] nur bei zwei Versuchspersonen gemeinsam (VP11 und VP14) auftauchen und beide sich jeweils bei bestimmten Versuchspersonen häufen ([A3] bei VP11 und [A16] bei VP1). Die könnte ein Hinweis darauf sein, dass Problembearbeiterinnen eine Tendenz dahingehend zeigen, Lösungsanläufe eher frühzeitiger abzubrechen, oder erst dann, wenn tatsächlich ein falsches Ergebnis oder ein Widerspruch vorliegt. Beziehen wir uns nun hier auf den Erfolg der jeweiligen Lösungsprozesse, so stellen wir in diesem Falle jedoch fest, weder die VP1, welche eher dazu neigte, Lösungsanläufe erst nach einem Widerspruch abzubrechen, noch die VP11, welche Lösungsanläufe eher schon nach einem latenten Zweifel über deren Zielführung abbrach, innerhalb der Bearbeitungszeit zu einer Lösung gekommen sind.

Bezüglich der Inhalte lässt sich feststellen, dass bei den insgesamt 16 aufgetretenen Wechseln nur vier verschiedene Wechselinhalte festgestellt werden konnten. Am häufigsten ist hierbei ein *Absichtswechsel* vollzogen worden (elf Mal). Ebenfalls stark vertreten sind *Startpunktwechsel* (acht Mal). *Wechsel bezüglich einer heuristischen Vorgehensweise* wurden nur zwei Mal festgestellt, dies auch innerhalb eines Problembearbeitungsprozesses einer Versuchsperson (VP1), ein *Operatorwechsel* trat ebenfalls nur zwei Mal auf.

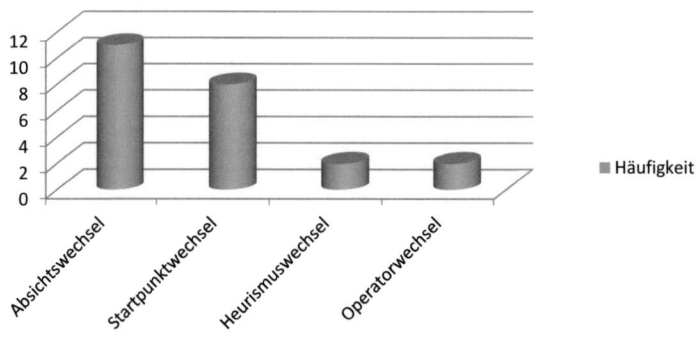

Abb. 37: Diagramm zur Häufigkeit der Wechselinhalte

Der Grund für die Häufungen des Absichtswechsels wird in diesem Falle vermutlich an der Art des Problems liegen. Da es sich um ein geometrisches Problem handelte, bei dem viel mit Gleichungen und Skizzen gearbeitet wurde, ist es durchaus nachvollziehbar, dass die Versuchspersonen sich vornehmlich neu in der Figur orientierten, um Zusammenhänge zu erfassen. Der Startpunktwechsel könnte sich demnach dadurch erklären, dass einst gefundene Zusammenhänge (meist in Form von Gleichungen festgehalten), sofern sie nicht widerlegt wurden, grundsätzlich innerhalb der geometrischen Figur gelten und somit auch für weitere Lösungswege verwendbar sind.

7.2 Zur „Qualität" des Wechselverhaltens im Hinblick auf Wechselinhalte

Stellt man sich die Frage, welche Wechsel eine Versuchsperson denn nun vorangebracht haben, so lässt sich im Nachhinein sagen, dass bei allen drei Versuchspersonen, die zu einer Lösung gelangt sind, ein gemischtes Verhältnis aus *Absichtswechseln* und *Startpunktwechseln* vorlag. Wie eben schon angemerkt, sind bei einem geometrischen Problem diese beiden Arten des Wechselns vermutlich besonders hilfreich. Die jeweiligen Anlässe, die bei den erfolgreichen Versuchspersonen zu einem Wechsel führten, sind jedoch sehr unterschiedlich. VP2 wechselt eher in einem früheren Stadium eines Lösungsanlaufs. Wechselanlass [A16] kommt bei ihr überhaupt nicht vor. Sie sieht die Anlässe zum Wechseln eher in neu aufkommenden Alternativen, verliert (vielleicht dadurch?) an einer Stelle den Faden und bricht einen Lösungsanlauf schon bei dem latenten Verdacht ab, er könne nicht zum Ziel führen.

Ebenso bricht VP14 ihre Lösungsanläufe eher in einem früheren Stadium ab. Dies liegt aber bei ihr auch darin begründet, dass sie ein Wissensdefizit aufweist (Innenwinkelsumme im Fünfeck), welches für die meisten Lösungsideen eine zentrale Rolle spielt. Hätte sie dieses Wissensdefizit beseitigt (durch die Formelsammlung oder Herleiten der Formel), hätte sie den Beweis vermutlich schon früher erbringen können.

Besonders hervorzuheben ist an dieser Stelle aber VP13. Auffällig ist sofort, dass sie insgesamt nur ein einziges Mal wechselt und das auch nur, weil sie einen Widerspruch feststellt. Sie ist also in diesem Problembearbeitungsprozess am mathematisch sinnvollsten mit dem Problem umgegangen. Es ist allerdings schwierig zu bestimmen, welche Gründe es dafür gibt, da sie schlicht und einfach die besten Ideen hatte. Sie hat geometrische Zusammenhänge sehr zügig erkannt und Gleichungen sehr schnell und korrekt formuliert.

Die beiden Versuchspersonen, die nicht zu einer Lösung gelangt sind, unterscheiden sich aber auch sehr in ihrem Vorgehen. VP1 verfolgt zwar mehrere Lösungsanläufe und diese auch sehr intensiv, jedoch basieren sie allesamt auf einer gemeinsamen Grundidee und sie verwendet auch die Gleichungen aus einem sehr früh aufgestellten Gleichungssystem immer wieder. Dabei kann sie dieses Gleichungssystem ohne eine weitere Information (wie z.B. das Einbringen der Innenwinkelsumme eines Fünfecks) gar nicht lösen, da sie 5 Gleichungen mit 10 Variablen vorliegen hat. Da sie aber kaum Absichtswechsel vollzieht, sondern sich immer wieder auf ihre „fehlerhafte" Grundannahme bezieht, gelingt ihr bis zum Schluss keine Lösung.

VP11 hingegen, verbraucht zu viel Zeit, um überhaupt erst einmal eine Idee zu bekommen. Über einen langen Zeitraum hinweg, spielt sie alle möglichen Gedanken über mathematische Zusammenhänge (sogar über den Sinus) kurz im Kopf durch und legt sich auf keinen konkreten fest. Verfolgt sie einen Lösungsansatz doch mal konkreter und muss diese dann aus verschiedenen Gründen abbrechen, so greift sie nicht wieder auf bisher gefundene Zusammenhänge zurück, sondern orientiert sich wieder komplett neu. Sie vollzieht ausschließlich *Absichtswechsel* und keine *Startpunktwechsel* und kommt so auch zu keiner Lösung.

7.3 Wechselstrategien und Wechselverhalten

Wie aus dem vorherigen Kapitel schon hervor geht, weisen die Versuchspersonen durchaus Unterschiede in ihrem Vorgehen auf. Dies geschieht sowohl auf der Ebene der Wechselanlässe, also bezüglich der Frage: Welche Umstände werden als Anlass für eine Beendigung eines bisherigen Lösungsanlaufes wahrgenommen? Ebenso aber auch auf der Ebene der Vorgehensweise, also bezüglich der Frage: Was macht die Problembearbeiterin nach einem Abbruch? Was wird am Vorgehen verändert? Man kann also feststellen, dass die Versuchspersonen, bezogen auf die untersuchten Problembearbeitungsprozesse bzw. Problemlöseprozesse, unterschiedliches *Wechselverhalten* an den Tag legen. Worin dies begründet liegt, ist spekulativ, jedoch ist es durchaus denkbar, dass, wenn wir die Faktoren, die einen Problemlöseprozess beeinflussen heranziehen (vgl. Kapitel 2.2.2), dass die individuell ausgeprägten Vorbedingungen (Einstellung, Kognition, Metakognition) nicht nur auf den Problemlöseprozess als Ganzes, sondern auch speziell auf das Wechselverhalten, einen großen Einfluss haben.

Ableitend daraus, könnte man nun auch Rückschlüsse ziehen, inwiefern eine gewisse *Wechselstrategie* lösungshinderlich oder lösungsförderlich sein kann. Betrachten wir dazu erneut das Wechselverhalten der Versuchspersonen, die das Problem erfolgreich gelöst haben, so stellen wir fest, dass auf Grundlage der Forschungsergebnisse, die Versuchspersonen erfolgreich waren, die gezielt problemspezifische Wechselanlässe zur Beendigung eines Lösungsanlaufes veranlasst haben und die daraufhin eine den Rahmenbedingungen des Problems (geometrischer Charakter) angepasste Auswahl an Wechselinhalten vollzogen haben. Eine lösungsförderliche Wechselstrategie hängt also stark von Art des Problems ab.

Eine Frage, die man sich an dieser Stelle noch stellen könnte, ist die, welche Wechsel eventuell auch hätten vermieden werden können. Diese Frage stellt sich besonders, wenn ein Lösungsanlauf zunächst beendet wurde, der aber nach einem Rückbezug zu ihm dann doch zur Lösung führt. Insgesamt lässt sich darüber aber nur spekulieren. Als Außenstehende, die meist schon einen oder mehrere Lösungswege parat haben, ist es ein Leichtes zu denken: An dieser Stelle hätte die Versuchsperson auch dies und jenes tun können. Teilweise äußern die Versuchspersonen dies auch in den Audioreflexionen, bei denen sie dann aber ebenfalls den erfolgreichen Lösungsweg kennen.

Eine Antwort auf diese Frage ist also meiner Meinung nach auf individueller Ebene zu finden. Wechsel beispielsweise, die vollzogen worden sind, nachdem ein Wissensdefizit aufgetreten ist, wären aus Sicht als Außenstehender durchaus vermeidbar gewesen, wenn die Problembearbeiterin dieses Wissensdefizit nicht gehabt hätte. Aus Sicht der Problembearbeiterin selbst, ist solch ein Wechsel aber eher unvermeidbar, da ihr das Wissen in dieser konkreten Situation fehlt.

Wichtig ist nur, in der Retrospektive Problembearbeitungsprozesse von ihre Problembearbeiterinnen betrachten zu lassen und sich die Frage zu stellen: War für mich dieser Wechsel nötig? Denn auch ein objektiv unnötiger Wechsel, kann auf subjektiver Ebene hilfreich gewesen sein, z.B. um einen Lösungsweg später mit etwas Abstand betrachten zu können, und zwischendurch „den Kopf frei zu kriegen". Dies sollte also meiner Meinung nach jede Problembearbeiterin für sich selbst untersuchen, ihre Erfahrung daraus sammeln und in ihren Grundstock an Problemlösekompetenz damit aufwerten.

Trotzdem kann man versuchen, die Notwendigkeit eines Wechsels aus einer Expertensicht heraus zu deuten. In diesem Falle gibt es sicherlich einige Wechsel innerhalb der untersuchten Bearbeitungsprozesse, die nicht unbedingt notwendig gewesen wären.

VP1 ist von arbeitete von vornherein mit einem Gleichungssystem, das sie nicht lösen konnte. Bei ihren Wechseln hält sie stets an diesem Gleichungssystem fest. Insofern, hätte sie diese Wechsel nicht anstellen brauchen, da auch sie nicht dazu beigetragen haben, eine Lösung zu finden.

Strittig sind die Wechsel von VP14, die aufgrund von Wissensdefiziten stattgefunden haben. Aus Expertensicht waren auch diese Wechsel „unnötig", da die Versuchsperson eigentlich 1. die Innenwinkelsumme im Fünfeck hätte wissen müssen, bzw. 2. die Formel für die Innenwinkelsumme von n-Ecken in der Formelsammlung (in der sie ja auch gesucht hat) hätte finden können, um sie sich so zu berechnen (wie andere Versuchspersonen das an dieser Stelle getan haben). Darüber, ob ein Wechsel aufgrund eines Wissensdefizits generell vermeidbar ist oder nicht, kann man allerdings geteilter Meinung sein, denn nicht in jedem Fall kann fehlendes Wissen durch andere Mittel (wieder) hergestellt werden.

7.4 Fazit

Das Fazit meiner empirischen Erkundungen ist also...

... zur Forschungsfrage *(1) Warum werden begonnene Lösungsanläufe abgebrochen und wie kommen neue Lösungsansätze zustande?*

- Es gibt eine Vielzahl von Wechselanlässen, die eine Problemlöserin dazu veranlassen kann, einen bisherigen Lösungsanlauf abzubrechen.
- Es gibt Unterschiede darin, welche Art von Anlässen eine Problemlöserin als ausschlaggebend empfindet, um einen bisherigen Lösungsansatz aufzugeben.

Ferner lassen sich noch über die Fragestellung hinaus weitere Erkenntnisse bzw. Vermutungen festhalten.

- Für bestimmte Arten von Problemen können sich bestimmte Wechselinhalte als lösungsförderlich oder lösungshinderlich erweisen.
- Problembearbeiterinnen weisen ein bestimmtes Wechselverhalten auf.
- Eine gezielte Kombination aus wahrgenommenen Wechselanlässen und vollzogenen Wechselinhalten kann als Wechselstrategie gesehen werden.
- Auch über eine Wechselstrategie lassen sich Vermutungen anstellten, inwiefern sie lösungshinderlich oder lösungsförderlich ist.

Zu den Wechselanlässen möchte ich an dieser Stelle noch ergänzen, dass die Beobachtungen aus den Untersuchungen einen Hinweis darauf geben, dass Problembearbeiterinnen einen gewissen „Blick" auf ihre Bearbeitungsgänge haben könnten, der beeinflusst, ob sie eine Situation als Wechselanlass wahrnehmen, oder nicht. Es ist zu vermuten, dass sie ihren Bearbeitungsprozess durch eine bestimmte „Brille" wahrnehmen. Die Beschaffenheit einer solchen „Brille" könnte damit zusammenhängen, welche Einstellung eine Problembearbeiterin zu dem Problem und dessen Bearbeitungsweg hat. Ist sie schnell zuversichtlich, mit einem bestimmten Ansatz auf dem richtigen Weg zu sein, so zieht sie beispielsweise eher Anlässe heran, die darauf resultieren, dass ein unumstößlicher Widerspruch aufgetreten ist. Ist sie sich insgesamt nicht sonderlich sicher über ihre Vorgehensweise (unabhängig von dessen Qualität), sieht sie womöglich schon sehr früh, beispielsweise bei einem latenten Verdacht, dass ihr Lösungsweg nicht zum Ziel führt, einen Anlass zum Abbruch. Beide „Blicke" haben allerdings ihre Vor- und Nachteile (wie man an VP1 und VP11 sieht, denn beide kommen nicht auf eine Lösung). Es ist jedoch zu vermuten, dass eine starke Ausprägung von Zuversicht, sowohl in die eine als auch in die andere Richtung, den Weg zu einer Lösung hemmen kann. *Nicht anzweifeln* ist demnach genauso lösungshinderlich, wie *ständig anzweifeln*. Ein gesundes Mittelmaß hat sich bei den anderen Versuchspersonen als lösungsförderlich herausgestellt.

8 Bedeutung für die Mathematikdidaktik

Zur Beantwortung meiner zweiten wissenschaftlichen Fragestellung sollen in diesem Kapitel einige Überlegungen zu den bisher versäumten Chancen innerhalb der Mathematikdidaktik angestellt werden, sowie zu gezielten Fördermöglichkeiten innerhalb des Mathematikunterrichts.

(2) Welche Anregungen liefern die Befunde von (1) auch im Hinblick auf die Förderung der Problemlösekompetenz?

8.1 Versäumte Chancen

Aus den vorangegangenen Kapiteln geht hervor, dass das Wechseln von Lösungsanläufen einen großen Bestandteil von Problemlöseprozessen ausmacht. Sicherlich kann es auch solche Problemlöseprozesse geben, in denen nur selten oder auch gar nicht gewechselt wird, jedoch zeigt die Praxis, auch innerhalb der empirischen Erkundungen dieser Arbeit, dass gerade Schülerinnen mitunter (noch) sehr wechselreiche Bearbeitungsgänge aufweisen.

Aus diesem Grund ist es auch nicht unerheblich, dass das Wechselverhalten von Schülerinnen beim Problemlösen im Mathematikunterricht eine große Rollen spielt und spielen sollte, gerade auch im Hinblick auf die Förderung der Problemlösekompetenz. Wie wir an den Befunden der Untersuchungen gesehen haben, kann sich nämlich ein gewisses Wechselverhalten auf den Erfolg eines Problembearbeitungsprozesses auswirken und kann so als Baustein der Problemlösekompetenz gesehen werden.

Bisher spielte allerdings das Wechseln von Lösungsanläufen nur eine sehr untergeordnete Rolle, was nicht zuletzt daran liegt, dass diesbezüglich nur sehr wenige Forschungsergebnisse vorliegen.

8.2 Gezielte Fördermöglichkeiten

Für die Förderung der Problemlösekompetenz ist wohl also, ergänzend zu den Punkten, die in Kapitel 2.2.2 schon erwähnt wurden, auch wichtig, Lehrkräfte auf solche „schwierigen Stellen" innerhalb von Problemlöseprozessen aufmerksam zu machen und sie dafür zu sensibilisieren. Denn je mehr Lehrkräfte über solche Wechselstellen wissen, desto besser können sie im didaktischen Rahmen reagieren und Schülerinnen Hinweise geben.

Es ist ferner durchaus vorstellbar, dass im unterrichtlichen Kontext ganz gezielt solche Wechselsituationen provoziert werden. Entweder durch die Vorgabe eines Lösungsansatzes, der von vornherein nicht geeignet ist, um den Lösungsprozess erfolgreich zu beenden, oder (um das Selbstkonzept nicht ganz so stark zu erschüttern), dass der Problembearbeitungsprozess von einer Versuchsperson, wie wir sie in den Untersuchungen betrachtet haben, bis zu einer Wechselstelle gemeinsam nachvollzogen wird. Die Schülerinnen könnten dann Überlegungen anstellen, wie sie anstelle der Bearbeiterin nun fortfahren würden.

Wie auch immer man eine solche Konfrontation mit Wechseln von Lösungsanläufen initiiert, entscheidend ist es, Schülerinnen Erfahrungen mit solchen Situationen sammeln zu lassen, um ihnen erstens den Schrecken einer solchen Lage („Hilfe, ich komme nicht weiter!") zu nehmen und zweitens ihr Repertoire an Reaktions- und Handlungsmöglichkeiten aufzustocken. Hierbei ist es natürlich sinnvoll, die Schülerinnen ferner auch bezüglich sinnvoller und nicht sinnvoller Strategien zu schulen, indem man beispielsweise rückblickend Bearbeitungsprozesse analysiert und reflektiert (mit besonderem Bezug auf die Wechselstellen).

Hierbei sind meiner Meinung nach die kognitive und die metakognitive Ebene gleichwertig zu betrachten und ergänzen sich. Nur über Problemlösen zu reden, ohne dass Schülerinnen selbst Probleme lösen ist wohl genauso ungünstig, wie nur Probleme lösen zu lassen, ohne darüber zu reden.

Besonders interessant könnte hierbei auch die Reflexion über die Wechselanlässe sein. Vielleicht können Schülerinnen sogar selbst Muster erkennen, die Hinweise darauf geben, welche Beweggründe sie vorrangig dazu veranlassen, einen bisherigen Lösungsanlauf abzubrechen und ob es nicht gelegentlich hilfreicher gewesen wäre, diese „Brille" (vgl. Kapitel 7.3) abzusetzen oder zu verändern.

Im Zuge dessen sei hier auch noch etwas zum Selbstkonzept von Schülerinnen angemerkt. Wie in Kapitel 2.2.2 angeführt, spielt nämlich die Einstellung zum Fach, zum Gegenstandsbereich und zur eigenen Person ebenfalls eine große Rolle innerhalb von Problemlöseprozessen. Die gezielte Schulung von Handlungs- und Reaktionsmöglichkeiten bezüglich Wechselsituationen kann für das Selbstkonzept von Schülerinnen (im Rahmen des Lösens mathematischer Probleme) sehr förderlich sein. Je mehr die Unsicherheit in solchen Lagen abgebaut werden kann, desto zuversichtlicher könnte auch die Grundhaltung zum Problemlösen selbst werden.

Schließlich möchte ich noch auf einen Umstand zu sprechen kommen, der mir während der Untersuchungen aufgefallen ist. Lediglich eine Versuchsperson (VP1) hat auf inhaltlicher Ebene Wechsel bezüglich eines Heurismus vorgenommen. Dies könnte ein Hinweis darauf sein, dass auch die Schulung heuristischer Strategien immer noch ausbaufähig ist und sollte auch in Zukunft nicht an Beachtung verlieren.

9 Mögliche ausstehende Erkundungen

9.1 Zur Problemlösekompetenz

Für die Ansätze für weitere Untersuchungen zur Problemlösekompetenz, bezogen auf das Wechseln von Lösungsanläufen, gibt es zwei unterschiedliche Maßnahmen. Die eine bezieht sich darauf, die Befunde aus dem bisherigen Forschungsstand weiter in der Breite umzusetzen, also in diesem Falle weitere Überlegungen zu den didaktischen Folgen des Untersuchungsergebnisse anzustellen (hierzu verweise ich auf Kapitel 8). Die andere Maßnahme bezieht sich darauf, weiter in der Forschung zu arbeiten, um neue Erkenntnisse über den Gegenstand zu gewinnen.

Hierzu können zum Beispiel ausstehende Erkundungen dort gefunden werden, wo der begrenzte Rahmen dieser Masterarbeit eine vertiefte Auseinandersetzung einschränkte.

Dies wären zum einen weitere Untersuchungen zum individuellen Wechselverhalten. Da wir hier nur lediglich eine Problembearbeitung jeder Versuchsperson betrachtet haben, wäre es sicher gewinnbringend, diesbezüglich mehrere Problembearbeitungen zu verschiedenen Problemen zu analysieren, um so Muster zu erkennen, die Tendenzen zu einem bestimmten Wechselverhalten zeigen. Hierzu können selbstverständlich noch weitere Aspekte über die hier betrachteten Aspekte Wechselanlass und Wechselinhalt mit einbezogen werden. Auch eine Ausweitung der Art der Probleme (hier geometrisch) könnte weitere Erkenntnisse liefern, denn wie wir gesehen haben, könnte für unterschiedliche Arten von Problemen ein unterschiedliches Wechselverhalten von Vorteil sein.

Ableitend aus solchen Erkundungen könnten dann eventuell gar ganze Wechselstrategien untersucht werden, zum Beispiel bezogen auf eine bestimmte Art von Problemen oder bestimmte Problemlöserinnen.[88]

Ferner ist zu überlegen, gerade im Hinblick auf die Förderung der Problemlösekompetenz, welche solcher Wechselstrategien sich denn als lösungshinderlich oder lösungsförderlich erweisen.

---

[88] Mit Wechselstrategie ist in diesem Sinne eine Metastrategie gemeint, die das strategische Wechseln von Lösungsanläufen steuert. Ist beispielsweise ein häufiges Wechseln von Lösungsanläufen eine eher lösungsförderliche oder eher lösungshinderliche Wechselstrategie?

Schließlich ist auch die Ausweitung der Versuchspersonen durchaus denkbar. In diesem Falle wurden nur eher leistungsstarke Schülerinnen herangezogen, da man sich erhoffte von ihnen gutes verwertbares Datenmaterial zu gewinnen, jedoch spiegeln sie sicherlich nicht die Breite der Schülerinnen wider. Bei der Förderung der Problemlösefähigkeit soll es ja nicht um eine Eliteförderung gehen, und eventuell haben leistungsschwächere Schülerinnen ganz andere Probleme als leistungsstarke.

Ebenfalls ist an eine Ausweitung der Altersstufe der Versuchspersonen zu denken. Auch im Grundschulbereich sollte das Problemlösen nämlich schon gefördert werden, denn wie wir in Kapitel 2.2.2 gesehen haben, nimmt beim Problemlösen Erfahrung einen hohen Stellenwert ein.

9.2 Zur Anwendung in der Mathematikdidaktik

Zur Anwendung in der Mathematikdidaktik wurden im Kapitel 8 bereits einige Anmerkungen gemacht, die auch mit unter diesen Aspekt fallen.

Einige weitere Erkundungen in diesem Bereich könnten an die Erkundungen zur Problemlösekompetenz anknüpfen. Sollte sich daraus beispielsweise ein individuelles Wechselverhalten herauskristallisieren, so ist ferner zu überlegen, wie diese Erkenntnis gewinnbringend in der Mathematikunterricht eingebunden werden könnte, besonders im Hinblick auf ihre Lösungsförderlichkeit bzw. Lösungshinderlichkeit.

Ebenso eröffnet selbstverständlich auch die Erweiterung des Problemtyps, bzw. die Erweiterung der Altersstufe neue didaktische Anwendungsmöglichkeiten und es könnten sehr problemspezifische Aspekte innerhalb des Problemlösens betrachtet und die Problemlösekompetenz dahingehend geschult werden.

10 Schlusswort

Wir haben in dieser Arbeit die Problemlöseprozesse in der Theorie sowohl aus psychologischer als auch aus mathematikdidaktischer Sicht durchleuchtet, sowie auch die besondere Rolle der Wechsel von Lösungsanläufen kennengelernt. Darauf basierend haben wir im Rahmen von empirischen Erkundungen, insgesamt fünf verschiedene Problembearbeitungsprozesse bezüglich der bisher nur wenig erforschten Wechselthematik analysiert. Dabei konnten Erkenntnisse und Vermutungen über den Einfluss von Wechselanlässen und Wechselinhalten gewonnen werden, die zunächst auf lokaler Ebene der einzelnen Versuchspersonen, dann auf globaler Ebene zwischen den Versuchspersonen betrachtet wurden. Angewendete Darstellungsmethoden aus den Untersuchungen können als Bereicherung der bisherigen Problembearbeitungsmodelle gesehen werden.

Insgesamt lässt sich festhalten, dass der Einfluss von Wechselanlässen und Wechselinhalten durchaus maßgeblich für den Erfolg eines Problembearbeitungsprozess sein kann. Es ließen sich ferner Vermutungen über ein individuelles Wechselverhalten anstellen, welche es in weiteren möglichen Erkundungen noch näher zu untersuchen gilt.

Zur Förderung der Problemlösefähigkeit ergaben sich aus den Befunden einige Hinweise zur Einflechtung in den Mathematikunterricht, z.B. durch ein bewusstes Provozieren und Reflektieren von Wechselsituationen. Diese soll den Schülerinnen die Möglichkeit bieten, ihr Repertoire von Reaktions- und Handlungsmöglichkeiten auszubauen, an Erfahrung mit solchen Situationen bezüglich des Problemlösens zu gewinnen und daran zu wachsen.

> „Auch der Schüler, dessen Studienplan Mathematik umfaßt, hat eine einzigartige günstige Gelegenheit. Diese Gelegenheit ist natürlich verpaßt, wenn er die Mathematik als ein Fach betrachtet, in dem er sich eine bestimmte Note verdienen muß und das er nach dem Schlußexamen so schnell wie möglich vergessen kann. Die Gelegenheit mag sogar verpaßt sein, wenn der Schüler eine natürliche Begabung für Mathematik hat, denn, wie in jedem Falle, muß er seine Begabungen und Neigungen ja erst entdecken; er kann nicht wissen, ob er bayrische Knödel liebt, wenn er sie niemals gegessen hat. Er mag etwa zu der Feststellung kommen, daß ein mathematisches Problem so viel Vergnügen bereiten kann wie ein Kreuzworträtsel, oder daß eine intensive geistige Arbeit so angenehm sein wie eine Tennispartie sein kann. Wenn er einmal die Freude an der Mathematik gekostet hat, wird er sie nicht leicht wieder verlieren, und das ist dann die Chance, daß die Mathematik eine Bedeutung für ihn bekommt: vielleicht wird sie sein Steckenpferd, vielleicht ein Werkzeug für seinen Beruf, oder sein Beruf selbst oder gar eine große Leidenschaft."[89]

---

[89] Pólya, 1949

11 Anhang

11.1 Fragebogen und Auswertungen zur Ablenkung während der Videoaufzeichnungen aufgrund der Arbeitsumgebung

1) Ihre Arbeitsumgebung in Form des Medienlabors war für Sie sicherlich am Anfang der Aufnahmeserie ungewohnt. In welchem Ausmaß hat Sie diese *Arbeitsumgebung*[90] von der Arbeit an den mathematischen Problemen abgelenkt bzw. dabei gestört?

☐ sehr abgelenkt   ☐ etwas abgelenkt   ☐ kaum abgelenkt   ☐ nicht abgelenkt   ☐ keine Angabe möglich

2) Hat sich diese Stärke der Ablenkung durch die ungewohnte Umgebung im Laufe der Zeit verändert?

_____
_____
_____
_____
_____

(entnommen aus JUSKOWIAK, 2012/2013)

sehr abgelenkt	etwas abgelenkt	kaum abgelenkt	nicht abgelenkt	keine Angabe möglich
0	1	10	5	0

(entnommen aus JUSKOWIAK, 2012/2013)

VP	Antwort auf Teilfrage 1 (Quantifizierung)	Antwort auf Teilfrage 2 (Veränderung der Stärke der Ablenkung durch die Arbeitsumgebung)
1	kaum abgelenkt	Zunächst war es etwas ungewohnt alleine in einem Raum zu sein und dabei laut zu sprechen.[91] Daran habe ich mich allerdings schnell gewöhnt. Ich musste

---

[90] *Der Kursivdruck erfolgt hier lediglich zur Hervorhebung im vorliegenden Text. In den an die Versuchspersonen ausgegebenen Fragebögen erfolgte kein Kursivdruck.*

			mich nur darauf einlassen.
2	kaum	abgelenkt	Es ist ungewöhnlich vor einer Kamera zu rechnen. Ja, es hat sich verbessert. Am Ende habe ich vergessen, dass ich gefilmt werde.
3	kaum	abgelenkt	Kaum. Habe versucht, mich auf das Problem zu konzentrieren. War unsicher, inwiefern ich begründen muss (private Notizen wären unsauber, schneller, kürzer, Klassenarbeiten begründeter). Hatte nichts zum Rumspielen. :-P Der Smiley[92] hat mich abgelenkt (Pixelgrafik...)
4	kaum	abgelenkt	Nein, da es einfach nur ein wenig vom Problem ablenkt, wenn man neben dem Lösen auch noch die Lösung erläutern muss. Diese Fähigkeit trainiert man in der Schule nicht.
5	nicht	abgelenkt	---
6	kaum	abgelenkt	Es ist immer natürlicher geworden, gefilmt und aufgenommen zu werden.
7	kaum	abgelenkt	Die Arbeitsumgebung hat mich nicht weiter abgelenkt. Eher war ich manchmal platt vom Tag etc., sodass mein Kopf ein wenig leer war. Jedoch konnte ich mich ganz gut im Raum einfinden.
8	nicht	abgelenkt	War sogar besser, hier konnte ich mich besser konzentrieren.
9	etwas	abgelenkt	Es ist einfacher geworden, währenddessen zu reden und zu kommentieren.
10	kaum	abgelenkt	Nicht wirklich. Anmerkung: Umgebung (bis auf Aufnahmegeräte) war Schul-ähnlich, d.h. etwas vertraut.
11	nicht	abgelenkt	Auf Grund der Tatsache, dass mir die Atmosphäre einer Universität gefällt, und somit auch die des Medienlabors, war ich von Anfang an nicht abgelenkt.
12	nicht	abgelenkt	Ich hatte kein Problem, in diesem Raum zu arbeiten. Ich habe keinen Unterschied zu Zuhause gesehen.
13	kaum	abgelenkt	Mit fortlaufender Zeit stärkere Ablenkung. Am Anfang verwirrt durch das Eingangsgespräch (Einweisung in den Taschenrechner (sin/cos/tan)).

---

[91] *Die in dieser Tabelle bei den Äußerungen der Versuchspersonen 1, 3, 4, 9 und 16 rot markierten Textabschnitte beantworten aus Sicht der Auswerter eher die anschließend gestellte zweite Teilfrage des zweiten Fragebogens. Diese befasst sich mit der von den Probanden empfundenen Ablenkung vom Problembearbeitungsprozess durch das laute Denken. Die blau markierten Äußerungen werden dort berücksichtig.*

[92] *An der grau gestrichenen Tür des Medienlabors ist zur optischen Auflockerung ein in der Breite formatfüllender „Smiley" aufgehängt. Die Tür des Medienlabor und damit der Smiley befinden sich in der direkten Blickrichtung der Probanden.*

14	kaum abgelenkt	Ja! Anfangs war es sehr ungewohnt, beim zweiten Mal allerdings kaum noch.
15	kaum abgelenkt	---
16	nicht abgelenkt	Von Mal zu Mal wurde der Raum wie zu einem Büro oder ein Klassenzimmer. Logisch, dass man normalerweise nicht spricht beim Rechnen, aber trotzdem beeinflusste das die Vorgehensweise nicht.

(entnommen aus JUSKOWIAK, 2012/2013)

11.2 Fragebogen und Auswertungen zur Ablenkung während der Videoaufzeichnungen aufgrund des lauten Denkens

1) Wir hatten Sie zu Beginn jeder Sitzung gebeten, uns während der Videoaufzeichnung mündlich mitzuteilen, was Sie gerade tun, denken und überlegen. In welchem Ausmaß hat Sie dieses so genannte „*laute Denken*"[93] von der Arbeit an dem mathematischen Problem abgelenkt?

☐ ☐ ☐ ☐ ☐

sehr abgelenkt *etwas abgelenkt* *kaum abgelenkt* *nicht abgelenkt* *keine Angabe möglich*

2) Hat sich diese Stärke der Ablenkung durch das „laute Denken" im Laufe der Zeit verändert?

_____

_____

_____

_____

(entnommen aus JUSKOWIAK, 2012/2013)

1	5	7	4	0
sehr abgelenkt	*etwas abgelenkt*	*kaum abgelenkt*	*nicht abgelenkt*	*keine Angabe möglich*

(entnommen aus JUSKOWIAK, 2012/2013)

VP	Antwort auf Teilfrage 1	Antwort auf Teilfrage 2 (Veränderung der Stärke der Ablenkung durch das laute Denken)

---

[93] Auch hier erfolgte der Kursivdruck lediglich zur Hervorhebung im vorliegenden Text.

	(Quantifizierung)	
1	kaum abgelenkt	Bei diesem „lauten Denken" habe ich nur erläutert, was ich gerade tue. Das ist sehr ähnlich dazu, wenn man in der Schule an der Tafel steht. Die Stärke dieser Ablenkung hat sich nicht verändert, war aber auch nur sehr gering. *Äußerung von Frage 1:* Zunächst war es etwas ungewohnt alleine in einem Raum zu sein und dabei laut zu sprechen.
2	etwas abgelenkt	Nein. Das Problem besteht darin, dass man einen gewissen Redezwang hat, da man nicht die ganze Zeit schweigen möchte. Außerdem entsteht das Problem, dass die Lösungswege unübersichtlich werden, weil ich das Gesagte nicht aufschreibe.
3	kaum abgelenkt	Habe später immer freier gesprochen, das was ich schrieb laut gesagt. Wurde immer mehr zum „Vortrag an der Tafel". *Äußerung von Frage 1:* War unsicher, inwiefern ich begründen muss (private Notizen wären unsauber, schneller, kürzer, Klassenarbeiten begründeter).
4	kaum abgelenkt	Das „Laute Denken" war von Mal zu Mal ein wenig weniger ablenkend. *Äußerung von Frage 1:* Nein, da es einfach nur ein wenig vom Problem ablenkt, wenn man neben dem Lösen auch noch die Lösung erläutern muss. Diese Fähigkeit trainiert man in der Schule nicht.
5	etwas abgelenkt	Es hat sich etwas geändert. Am Anfang wusste ich immer nicht, ob ich jetzt laut oder leise gedacht hatte und musste mich deswegen sehr darauf konzentrieren dieses laut zu tun.
6	kaum abgelenkt	Teilweise hat sogar das laute Denken geholfen, da Ansätze klarer formuliert wurden.
7	kaum abgelenkt	Lautes Denken lag mir von vornherein nicht fern. Ich denke generell lieber laut als leise. Manchmal war es aber schwierig, seinen Gedanken noch folgen zu können, wenn man bisher Gedachtes gerade noch formulieren muss und will. Aber es hält sich in Grenzen.
8	nicht abgelenkt	Es hat mir eher geholfen mich auf die Arbeit zu konzentrieren und meine Gedanken zu ordnen.
9	sehr abgelenkt	Man hat gelernt Gedanken zu denken und dann zu kommentieren, nicht beides in einem. *Äußerung von Frage 1:* Es ist einfacher geworden, währenddessen zu reden und zu kommentieren.
10	etwas abgelenkt	Nein. Ständig seine Gedanken zu formulieren, hat stets den mathematischen Denkfluss gehemmt.
11	nicht abgelenkt	Auch das „laute Denken" hat mich nicht abgelenkt, deswegen hat sich hierbei nichts verändert. Mir fällt es sehr leicht mich auf Zahlen, Variablen und Mathe-

			matik einzulassen, deswegen kann ich auch Gedanken frei heraus sprechen. Ich mache es, ohne zu denken.
12	nicht	abgelenkt	Ich hatte von Anfang an kein Problem, neben dem Rechnen zu reden, da ein gewisses „Mit-sich-selbst-reden" auch im Privaten beim Lösen von Aufgaben vorkommt.
13	etwas	abgelenkt	Ich denke nicht. Bei der letzten Aufgabe hatte ich den Eindruck, (bei der Reflexion), dass ich mich durch mein Gerede selbst aus dem leider nur rudimentär vorhanden gewesenen Konzept gebracht habe.
14	kaum	abgelenkt	Nein. Ich denke, dass das laute Denken teilweise sogar hilfreich war.
15	etwas	abgelenkt	Nein, es bleibt ungewohnt, da man üblicherweise keine Selbstgespräche führt.
16	kaum	abgelenkt	Nein es war wie das „laute Denken" schon sagt, lediglich das, was ich ohnehin gedacht habe und von daher waren nur minimale Beeinflussungen spürbar. *Äußerung von Frage 1:* Logisch, dass man normalerweise nicht spricht beim Rechnen, aber trotzdem beeinflusste das die Vorgehensweise nicht.
	nicht	abgelenkt	

(entnommen aus JUSKOWIAK, 2012/2013)

Die Einfärbung der gegebenen Äußerungen kennzeichnet die Beurteilung des Erhebenden über den Grad der vorhandenen Hemmungen, unabhängig von den Angaben aus Teilfrage 1.

Rot = konstante Hemmungen
Orange = abnehmende Hemmungen
Grün = geringe/keine Hemmungen
Blau = unterstützende Auswirkung

11. 3 Ausgewählte Video- sowie Audiotranskiption von Versuchsperson 1

Videotranskript:

00:07	[VP liest sich die Aufgabe durch]	
00:58	Okay, also ich soll beweisen, dass die Summe der grau eingezeichneten Winkel [zeigt auf die Skizze] 180° beträgt. Und ich würde mal als Grundlage nehmen, dass bei einem Dreieck ja auch die Innenwinkelsumme 180° beträgt. Und versuch das jetzt einfach mal ne Idee zu entwickeln durch Einzeichnen verschiedener Linien. [greift zu Kugelschreiber und Geodreieck] / Also wenn ich den, das einfach mal zu einem Dreieck vervollständige, [verbindet zwei Punkte] dann weiß ich ja, dass auf jeden Fall die Summer dieser Winkel 180° ist. [zeigt auf die entspre-	

	chenden Winkel] / Jetzt wäre es eigentlich ideal zu beweisen, dass diese Winkel denen hier entsprechen. [zeigt wieder auf die entsprechenden Winkel] ///	
02:13	Was mir grad spontan ins Auge fällt, ist, dass diese Linien [zeigt darauf] ziemlich parallel wirken, was aber, glaub ich, nicht immer so ist. [prüft dies durch Anlegen des Geodreiecks an zwei weiteren Stellen] / Wenn ja, wär das natürlich der ideale Beweis, da das hier ja dann Stufenwinkel wären und Stufenwinkel sind immer gleich groß und das wäre also dann der Beweis. Da diese Winkel dann ja denen entsprechen und deshalb zusammen dann insgesamt 180° ergeben. ///	
03:06	Ich denk aber nicht, dass ich das so beweisen kann, weil wenn ich zum Beispiel den Punkt von hier hierhin setzen würde und dann hier Linien einzeichne, / dann verändert sich ja- oder wenn ich den Punkt hierhin setzen würde, dann wären die Linien so, [deutet diese an] die wären außer Acht gelassen und das ist nicht parallel. ////	
04:01	Das heißt, vielleicht ist das doch gar kein so schlechter Ansatz. // Wenn ich den Punkt verändere, hierhin setze, und hier eine Linie einzeichne /// und hier. [zeichnet gestrichelte Linien, die die Verschiebung symbolisieren] // Dann wären die Linien hier nicht mehr parallel. //////	
05:25	Hm, leider hab ich jetzt gar keine Vorstellung, wie ich auf ne Lösung kommen soll. //////	
06:03	[schiebt das Geodreieck in der Skizze hin und her] Hier nochmal ganz deutlich gezeigt, dass die gegenüberliegenden Linien nicht parallel sind. Also der, den Ansatz kann ich schon mal auf gar keinen Fall weiterverfolgen, wie man auch hier sieht. ////////////	
07:18	Ich hab bloß wirklich gar keine Idee, wie ich die Aufgabe Lösung, lösen soll. Ich guck jetzt einfach nochmal in dem Buch nach, vielleicht finde ich ja etwas über Innenwinkelsummen. [greift zur Formelsammlung] ////////////	
08:34	Nee, das hilft mir nicht weiter. / Ich benenne jetzt einfach nochmal die Seiten. Oder besser gesagt die Winkel. [beschriftet die Winkel und nutzt dazu die Formelsammlung] ////////////	
09:54	So. Und die gegenüberliegenden Seiten / also das hier wäre dann a, das hier wäre b [beginnt mit der Beschriftung der Seiten] / na, jetzt komm ich schon durcheinander, weil es im Fünfeck natürlich keine richtig gegenüberliegenden Seiten gibt. /////	

10:48	Nochmal neu. Ich nehm jetzt die, die immer die Nachbarwinkel verbindet, also das ist a, das ist b, das ist dann c, d und e. [beschriftet die Seiten neu] ////
11:23	Ich versuche das Ganze jetzt nochmal neu zu begründen. Indem ich immer diese kleinen Dreiecke hier nehme, denn hier sind ja immer noch Winkel. [zeigt darauf] /// Die beiden Winkel hier jeweils ergänzen sich immer. [zeichnet die entsprechenden ein] / Ich weiß, es gibt hier von jeder Winkelgröße immer 2. Die beiden sind gleich, die beiden sind gleich, die beiden sind gleich und die beiden sind gleich. [zeigt jeweils auf die Winkel] / Und mit denen zusammen sind es genau 180°. / Wenn ich mir jetzt hier mal so ein Dreieck rausnehme. [skizziert dies] // Sagen wir, das hier ist α. [beschriftet einen Winkel und erweitert die Skizze zu einem Fünfstern] ////
13:06	Das hier wär dann in diesem Fall ε und das hier wär β. [beschriftet zwei weitere Winkel] Wenn ich den Winkel, der rechts liegt hier, α_1, α' nenne, dann ist der hier ja auch α', [beschriftet zwei Winkel] das sind, ähm, ich weiß jetzt nicht mehr genau, wie die Winkel heißen. Dann ist das hier ε' und das hier ist auch ε'. [beschriftet zwei weitere Winkel] //////
14:09	Das hier sind 180° [zeichnet einen weiteren Winkel ein] zusammen. // Und ich hab schon mal $\alpha + \alpha' + \varepsilon' = 180°$. [notiert dies] // Die Behauptung, $\alpha + \beta + \varepsilon + \gamma + \delta$, ist jetzt die falsche Reihenfolge, aber egal, sind gleich 180°. [notiert Behauptung: $\alpha + \beta + \varepsilon + \gamma + \delta = 180°$] /////
15:36	Vielleicht funktioniert das ja, wenn ich das für jedes Dreieck aufschlüssle. [greift zu einem Filzstift] Einen Versuch ist es zumindest Wert. Also das erste wäre $\alpha + \alpha' + \varepsilon = 180°$. [notiert $\alpha + \alpha' + \varepsilon = 180°$] / Das zweite ist $\beta + \alpha' +$ das hier wär dann γ' sind auch 180°. [notiert $\beta + \alpha' + \gamma' = 180°$] $\gamma + \beta'$ / nee, stimmt nicht. Das hier ist ja β'. [ändert die letzte Zeile zu $\beta + \alpha' + \beta' = 180°$] / Naja, komm ich jetzt schon wieder durcheinander mit den ganzen Bezeichnungen. Also. α' ist das hier. β' sind die beiden Winkel. γ' sind die beiden Winkel, δ' sind die beiden Winkel und ε' sind die beiden Winkel. [beschriftet die entsprechenden Winkel im Fünfstern] Das heißt ich habe $\alpha + \alpha' + \varepsilon'$, $\beta + \alpha' + \beta'$, $\gamma + \beta' + \gamma'$, [notiert $\gamma + \beta' + \gamma' = 180°$] $\delta + \gamma' + \delta'$ sind 180°. [notiert dies] $\varepsilon + \delta' + \varepsilon'$. 180°. [notiert dies] / Ich hab jetzt fünf Gleichungen und fünf Variable. Vielleicht krieg ich da ja was draus. Das hier ist äquivalent, wenn ich das hier zum Beispiel nach α' auflöse, ist das $\alpha' = 180° - \alpha - \varepsilon'$. [notiert dies] / Das setz ich jetzt in die

	Gleichung von β ein. Also $\beta+(180°-\alpha-\varepsilon')+\beta'=180°$. [notiert dies] // Minus 180° sind β plu- minus $\alpha-\varepsilon'+\beta'$ sind 0. [notiert $\mid -180°$ und $\beta-\alpha-\varepsilon'+\beta'=0$] Das lös ich jetzt für die nächste Gleichung nach β auf. Nach β' auf. Also β' sind gleich, ist gleich $-\beta+\alpha+\varepsilon'$. [notiert $\beta'=-\beta+\alpha+\varepsilon'$] Das setz ich jetzt in die nächste Gleichung ein. So hab ich $\varepsilon'+/-\beta+\alpha+\varepsilon$ //////	
20:54	Ich versuche hier immer nach den Winkeln, die ich nur für die Nebenrechnungen, also die mit dem Strich, aufzulösen, damit ich hinterher nur die Winkel hab, die bedeutend sind. Also. Das hab ich jetzt für β' eingesetzt $+\gamma'$. Sind auch wieder 180°. [notiert $\gamma+(-\beta+\alpha+\varepsilon')+\gamma'=180°$] // Das Ganze löse ich jetzt nach γ' auf, dann hab ich $\gamma'=180°-(\gamma-\beta+\alpha+\varepsilon')$. [notiert dies] Das setz ich jetzt wieder in die nächste Gleichung ein. / Also $\delta+(180°-\gamma+\beta$ ich klammer die Klammer gleich aus, $-\alpha-\varepsilon')+\delta'$. Sind auch wieder 180°. [notiert $\delta+(180°-\gamma+\beta-\alpha-\varepsilon')+\delta'=180°$] Die Klammer kann man ja auch weg lassen. [streicht diese durch] Minus 180°. [notiert $\mid -180°$] Und dann löse ich wieder nach δ' auf, dann hab ich $\delta'=$, 180° sind ja weg, also gleich δ plus, nee, minus $\gamma+\beta-\alpha-\varepsilon'$. [notiert $\delta'=\delta-\gamma+\beta-\alpha-\varepsilon'$] / Das Ganze setz ich jetzt wieder in die nächste Gleichung ein. $\varepsilon+\delta-\gamma+\beta-\alpha-\varepsilon'+\varepsilon'=180°$. [notiert dies] Das löst sich, $-\varepsilon'$ sind 0, das heißt ich habe jetzt $\varepsilon+\delta-+\beta-\alpha$, 180°. [notiert $\varepsilon+\delta-\gamma+\beta-\alpha=180°$] Das ist auf jeden Fall falsch. [kennzeichnet dies] Denn im Prinzip brauch ich hier nur Pluszeichen, das heißt ich hab mich wahrscheinlich irgendwo oben mit plus und minus vertan. Davon geh ich jetzt mal aus, weil der Ansatz zeigt mir etwas, wo 180° rauskommt und alle Winkel. Das ist eigentlich ja gut. ///	
24:44	Ich versuche jetzt einfach nochmal, das Ganze nochmal zu lösen. Ich hab ja noch genug Zeit. Ich geh das jetzt einfach alles nochmal durch, damit ich nochmal mich konzentriert auf den Weg vertiefen kann. [greift zu einem neuen Blatt Papier] Also erstes zeichne ich mir dafür die Figur nochmal vergrößert ab. [tut dies] ////	
25:33	Mhm. / So. Die Linie hier ist falsch. Das hab ich jetzt nur gemacht, damit ich nicht so spitze Winkel hab. Also. Ich habe hier α. Da hab ich α' und hier hab ich auch α'. Hier hab ich den Winkel β. Da hab ich β' und hier ebenfalls β'. Da hab ich γ, γ' und γ'. Hier hab ich den Winkel δ, δ' und ebenfalls δ'. Hier hab ich ε, ε' und ε'. [beschriftet die Winkel entsprechend] So. [greift zum grünen Filzstift] Jetzt schreib ich mir mal in grün auf, was ich gegeben hab. / $\alpha+\varepsilon'+\alpha'=180°$,	

	$\beta+\alpha'+\beta'=180°$, $\gamma+\beta'+\gamma'=180°$ [notiert diese Gleichungen], $\delta+\gamma'$, ich bin jetzt bei dem Dreieck hier, ähm, $+\delta'=180°$ [notiert $\delta+\gamma'+\delta'=180°$], $\varepsilon+\delta'+\varepsilon'=180°$. [notiert dies und greift zum schwarzen Filzstift] Jetzt form ich hier [zeigt auf die oberste Gleichung] nach α' um, damit ich α' schon mal rauskriege. Also hab ich α / hab ich $180°-\alpha'-\varepsilon$, äh, $-\alpha$, sind gleich α'. [notiert $180°-\alpha-\varepsilon'=\alpha'$] / [greift wieder zum grünen Filzstift] Ich nenne jetzt diese Gleichungen mal I, II, III, IV und V. [beschriftet entsprechend] Das ist also meine Gleichung I. [beschriftet das zuletzt Notierte] Jetzt setze ich das Ganze in die zweite ein. [kennzeichnet dies] Das heißt ich habe $\beta+180°-\alpha-\varepsilon+\beta'$. Und das sind 180°. [notiert $\beta+180°-\alpha-\varepsilon'+\beta'=180°$] Die kann ich jetzt raus lassen, weil die sich rauskürzen. Also hier kann ich ja $-180°$ und dann nehm ich diesen ganzen Teil, das Ganze [zeichnet Klammern ein], rechne ich jetzt minus, das heißt ich habe $\beta'=-(\beta-\alpha-\varepsilon')$. Das heißt das sind $-\beta+\alpha+\varepsilon'$. [notiert $\beta'=-(\beta-\alpha-\varepsilon')=-\beta+\alpha+\varepsilon'$] Jetzt nehm ich die dritte Gleichung. [kennzeichnet dies] // $\gamma+(-\beta+\alpha+\varepsilon')+\gamma'$ wieder 180°. [notiert $\gamma+(-\beta+\alpha+\varepsilon')+\gamma'=180°$] Und das Vorzeichen in der Klammer ändert sich nicht, weil ein Plus davor steht. Jetzt nehm ich den ganzen Ausdruck wieder negativ. Also ich habe $\gamma'=180°-(\gamma-\beta+\alpha+\varepsilon')$. [notiert dies] // Jetzt die vierte Gleichung. [kennzeichnet dies] Bisher ist mir mein Fehler noch nicht aufgefallen, den ich da gemacht habe. [zeigt auf Blatt 1] Ähm. Hier hab ich δ am Anfang. $+(180°-\gamma+\beta-\alpha-\varepsilon')$. / Das Ganze $+\delta'$ sind gleich 180°. [notiert $\delta+(180°-\gamma+\beta-\alpha-\varepsilon')+\delta'=180°$] ////
32:19	Jetzt rechne ich wieder minus den ganzen Ausdruck, das heißt ich hab $\delta'=180°-(\delta+180°-\gamma+\beta-\alpha-\varepsilon')$. [notiert dies] Das sind $=180°-\delta-180°+\gamma-\beta+\alpha+\varepsilon'$. [notiert dies] 180° sind damit raus. [streicht beide Zahlen durch] / Was mich jetzt schon wieder verwirrt, ist, dass ich hier verschiedene Vorzeichen hab bei den einzelnen Winkeln. Was ja eigentlich nicht passieren darf, weil wenn ich das jetzt in die letzte Gleichung einsetze, kommt da wieder was Falsches raus. ///
33:48	Ich probier es trotzdem. Also die fünfte. [kennzeichnet dies] / $\varepsilon+(-\delta+\gamma-\beta+\alpha+\varepsilon')+\varepsilon'=180°$. [notiert dies] [notiert $\varepsilon-\delta+\gamma-\beta+\alpha+2\varepsilon'=180°$. ////
34:42	Jetzt hab ich hier allerdings noch $2\varepsilon'$. / Die hatte ich vorher seltsa-

	merweise nicht, das heißt ich hab auf jeden Fall entweder bei dem einen oder bei dem anderen nen Fehler gemacht. ////	
35:21	Ich kann das jetzt ja mal vergleichen. [greift zum ersten Blatt] β' hab ich raus $-\beta + \alpha + \varepsilon'$. Das stimmt hiermit überein. $180° -$ das hier stimmt auch. δ' sind δ, hier hab ich auf jeden Fall verkehrte Vorzeichen. Da hab ich andere Vorzeichen als vorher. ////	
36:11	Den Schritt müsste ich, glaube ich, nochmal detailliert überprüfen. [greift zu einem neuen Blatt Papier] // Das war die vierte. [notiert dies] $\gamma' = 180° - \gamma + \beta - \alpha - \varepsilon'$. [notiert dies] // Das setz ich jetzt ein. $\delta + (180° - \gamma + \beta - \alpha - \varepsilon' + \delta'$. [notiert dies] / Die Klammern kann ich ja weglassen, weil da nur ein Plus davor steht. [streicht die Klammer durch] Sind gleich 180°. [notiert dies] Die kann ich auf jeden Fall auf beiden Seiten schon mal wegnehmen. [streicht beide 180° durch] / Dann rechne ich das Ganze minus. [setzt neue Klammern] Das heißt ich kriege raus $\delta' = -\delta + \gamma - \beta + \alpha + \varepsilon'$. [notiert dies] Das ist das, was ich bei meinem zweiten Versuch raus hatte. / Ich weiß leider jetzt nicht, wo mein Fehler liegt. Ob, ähm, / ja, ob an meinem Ansatz oder halt an meinen Rechnungen. Wobei ich eher vermute, dass das bei den Rechnungen liegt, dass da irgendwelche Fehler drin sind. / Weil mein Ansatz scheint mir ganz gut zu sein mit diesen fünf Dreiecken. Da ich auch zum Schluss eigentlich alles raus kürzen kann. ///	
39:14	Das ... [Aussprache undeutlich] bisher die Gleichungen. Die Gleichung. ///	
39:34	Ich hab 2ε zu viel und 1δ. Und 1β sozusagen zu wenig, nee, zwei sogar. //////////// [prüft etwas mit dem Geodreieck] //////////	
41:32	Ich probier nochmal einen dritten Lösungsweg. Auf einer anderen Seite. [greift zu einem neuen Blatt Papier] Indem ich die Gleichungen beibehalte, jetzt aber versuche das Gleichungssystem anders zu lösen. Indem ich einfach die Gleichungen gleichsetze. $\alpha + \varepsilon' + \alpha' = 180°$ und das sind gleich $\beta + \alpha' + \beta'$. [notiert $\alpha + \varepsilon' + \alpha' = 180° = \beta + \alpha' + \beta'$] / $-\alpha'$. [notiert $|-\alpha'$] Dann hab ich $\alpha + \varepsilon' = \beta + \beta'$. [notiert dies] / Das löse ich jetzt einfach mal nach ε' auf. [notiert $\varepsilon' = \beta + \beta' - \alpha$] [notiert am Anfang des Blattes $I = II$:] //////	
43:02	Das setz ich jetzt in V ein. [notiert dies] [notiert $\varepsilon + \delta + \beta + \beta' - \alpha = 180° = $] ////	

43:24	Und setze das mit III gleich. [notiert $\gamma+\beta'+\gamma'$] ///	
43:45	Da rechne ich jetzt einfach $-\beta'$. [notiert $|-\beta'$] Dann hab ich $\varepsilon+\delta+\beta-\alpha=\gamma+\gamma'$. [notiert dies] / Das Ganze lös ich jetzt nach γ' auf. Dann hab ich $\varepsilon+\delta+\beta-\alpha-\gamma=\gamma'$. [notiert dies] Setz ich in IV. ein. [notiert dies] Hm, hab ich $\delta+$ Moment. Das ist hier δ'. [ändert in den drei vorherigen Gleichungen δ zu δ'] // $\varepsilon+\delta'+\beta-\alpha-\gamma+\delta'=180°=$ [$\delta+\varepsilon+\delta'+\beta-\alpha-\gamma+\delta'=180°=$] // Ähm, das setz ich jetzt nochmal mit V gleich. [notiert $\varepsilon+\delta'+\varepsilon'$] // ε kann raus. Und dann hab ich $1\delta'$. // Und das ist gleich ε'. [notiert $\delta+\delta'+\beta-\alpha-\gamma=\varepsilon'$] Das setz ich jetzt nochmal in V. ein. [notiert dies] // Hab ich das raus, was ich vorher auch raus hatte. [notiert $\varepsilon+\delta'+\delta+\delta'+\beta-\alpha-\gamma=180°$] // Ist im Prinzip das Gleiche, was ich ja vorher auch hatte. Das hilft mir also kein Bisschen weiter, ich komm immer wieder zu dem Ergebnis von hier, dass ich zwei Negative hab, hier ist das α und y, und dafür zwei mit dem Strich zu viel. // [greift zum roten Filzstift und Blatt 2] Also im Prinzip liegen meine Probleme bei der Lösung von davor hier und hier und hier. [markiert entsprechend] Und hier ist es meine Probleme, das ist negativ und das ist negativ und das ist zweimal da. [markiert auf Blatt 4 entsprechend] ////////	
48:18	Wenn ich das jetzt wieder mit IV gleichsetzen würde, [greift wieder zum schwarzen Filzstift und notiert $=\delta+\gamma'+\delta'$] /// könnte ich 1δ weg kürzen und das bringt mir rein gar nichts. [streicht den Term wieder durch] ///////	
49:20	Ich weiß irgendwie leider nicht, wo mein Fehler liegt. ///////	
49:59	Ich probier nochmal was. Ich nehme die / aber das hilft mir nicht weiter, wenn ich das /// egal, wie ich's drehe und wende, ich hab immer irgendwo die Winkel, diese Hilfswinkel mit dem Strich, dabei. /////////	
51:23	Hm, mein Denkansatz war ja, dass ich fünf Gleichungen aufstelle. Damit natürlich auch mehr als fünf Variablen. Wobei ich fünf Variablen habe, die weg müssen, und fünf, die drin bleiben müssen. Das Problem ist, dass ich das irgendwie nicht schaffe. ////////////////	
53:16	Ich versuch's nochmal. Ich hab jetzt ja diese beiden Gleichungen, die von vor der Aufgabe, also die von vorher, nachher. Und setz die jetzt einfach nochmal gleich. [teilt das vierte Blatt] Vielleicht kommt ja doch noch irgendwann eine Lösung.	

	$\varepsilon - \delta + \gamma - \beta + \alpha + 2\varepsilon = \varepsilon + \delta + \beta - \alpha - \gamma + 2\delta'$. [notiert $\varepsilon - \delta + \gamma - \beta + \alpha + 2\varepsilon' = \varepsilon + \delta + \beta - \alpha - \gamma + 2\delta'$] / Und jetzt setz ich in die zweite nochmal das ein, was ich vorhin mit dem ε hatte. [greift zu Blatt 2] Also das hier sind ja $180° - \varepsilon - \varepsilon' = \delta'$. [notiert dies] Wenn ich das jetzt da einsetze [greift wieder zu Blatt 4 und notiert $\varepsilon - \delta + \gamma - \beta + \alpha + 2\varepsilon' = \varepsilon + \delta + \beta - \alpha - \gamma + 2 \cdot (180° - \varepsilon - \varepsilon')$ und $\varepsilon - \delta + \gamma - \beta + \alpha + 2\varepsilon' = \varepsilon + \delta + \beta - \alpha - \gamma + 360° - 2\varepsilon - 2\varepsilon'$] /////////////////
55:54	So. //////
56:26	Hier hab ich -1ε. Um auf der Seite auf 0 zu kommen, rechne ich jetzt $+1\varepsilon$, das heißt ich habe 2ε. [notiert dies] Hier hab ich $-\delta$, hier hab ich $+\delta$. / Wenn ich hier $-\delta$ rechne, hab ich hier -2δ. [notiert dies] Ich versuch jetzt die Seite [zeigt auf den letzten Term] auf 0 zu kriegen oder auf 360° besser gesagt. $-\beta$ sind hier -2β. // Hier 1α, wenn ich $+1\alpha$ rechne, hab ich hier, äh, hab ich $+2\alpha$. [notiert dies] / Wenn ich hier $+2\varepsilon$ rechne, hab ich $+4\varepsilon'$. [notiert dies] Und das Ganze sind 360°. [notiert dies] Das hilft mir jetzt leider gar nicht weiter. / Ich müsst eher das Negative haben. // Das Problem ist aber, bei beiden hab ich $+60°$. / Das bringt mir gar nichts. Wenn ich hier jetzt alles wieder durch 2 teile, dann hab ich wieder genau das Gleiche wie am Anfang. [streicht die letzte Zeile wieder durch] ////
58:38	Nee, komm ich, egal wie ich's drehe und wende, nicht weiter. / Ich glaub nicht mal, dass ich irgendwo nen Fehler gemacht hab, sondern einfach, dass ich nicht auf das Ergebnis komme. Ich muss irgendwas noch einsetzen. ///
59:12	Ich probier jetzt nochmal eine letzte Sache aus. [greift zu einem neuen Blatt Papier] Ich ersetze jetzt oder ich schreib mir auf, $\alpha + \beta + \gamma + \varepsilon$, äh, $+\delta + \varepsilon = 180°$. [notiert $\alpha + \beta + \gamma + \delta + \varepsilon = 180°$] Jetzt ersetz ich für jedes das hier raus. [zeigt auf die Gleichungen von Blatt 2] Bei α hab ich $180° - \varepsilon' - \alpha'$. [notiert $180° - \varepsilon' - \alpha' +$] Bei dem nächsten hab ich $180° - \alpha' - \beta'$. [notiert $180° - \alpha' - \beta' +$] $180° - \beta' - \gamma'$. [notiert $180° - \beta' - \gamma' +$] $180° - \gamma' - \delta' + 180° - \delta' - \varepsilon'$. [notiert dies und $= 180°$] ///

Audiotranskript:

00:02	Beginn der Audioreflexion.
00:07	Puh. / So, dann les ich mir wie immer am Anfang die Aufgabe durch. ///////////
01:18	Und das ist auf jeden Fall mein erster Gedanke gewesen, das mit dem Dreieck zu vergleichen, was ja auch irgendwie relativ nahe liegend ist. Weil man kann ja auch in so nem Fünfstern mehrere Dreiecke erkennen und, ja, und im Dreieck ist es auch einfach 180°. ////////
02:21	Das, das war mein erster Gedanke, dass die Linien immer gegenüber parallel sind, aber das stimmt nicht, wie man da schon sieht. //// Ja, so einfach hatte ich mir das am Anfang gedacht, weil es liegt irgendwie nahe, das wär schön gewesen. [lacht] /////////
03:45	Da stell ich dann grade fest, dass die Linien eben nicht parallel sind und das nicht so schön klappt. Eigentlich schade. // Ich überlege dann noch hin und her, ob die Linien nicht vielleicht doch parallel sind. ////////
04:54	Jetzt hab ich da einen Stern eingezeichnet, nen anderen, das ist ja ein beliebiger Fünfstern. Und stelle dann halt fest, dass es nicht passt. Weil es ja am be, das Einfachste ist irgendwie, das zu wiederlegen, Gegenbeispiel zu finden. Und da hab ich eben einen Stern, der das Gegenbeispiel ist. /////////////////////
07:06	So, da überlege ich jetzt hin und her, wie ich das lösen kann. Das ist doch ne komplexe Aufgabe, wenn man eine geometrische Figur hat, die irgendwie durch nichts, die durch nichts beschrieben wird, als durch fünf Punkte, die, ähm, einfach so verbunden sind nach einem bestimmten Muster. Das ist dann wirklich nicht einfach. Deshalb guck ich jetzt einfach in der Formelsammlung nach, ob ich da irgendwas über Innenwinkel finde. Ich glaub, wir hatten mal irgendwas in der Schule über Innenwinkelsummen im Fünfeck. Daran kann ich mich leider nicht mehr wirklich erinnern. In der Formelsammlung steht nur was über regelmäßige Fünfecke, das hat mir also ei, auch nicht weitergeholfen. Ich weiß nicht, ob es ne spezielle Innenwinkelsumme für Fünfecke gibt. Müsste es ja eigentlich. Ich bin mir nicht sicher. Und es hätte mir nämlich bestimmt weitergeholfen. ////////
08:53	Dann wollt ich zuerst die zwei, also die drei, die Strecken dort ver,

	benennen. Hab ich aber gemerkt, das hilft mir bestimmt nicht weiter und hab erstmal die Winkel den Namen gegeben. α, β, γ, δ, ε. Wobei mir da jetzt erstmal nicht die griechischen Buchstaben sofort einfallen. Nehm ich einfach ε und φ, aber das verbesser ich gleich noch. /////////////////////////////	
11:46	Jetzt ist mir die Idee gekommen, das mit den kleinen Dreiecken zu machen, was ich dann auch bis zum Schluss verfolgt hab. / Die Winkel ergänzen sich nicht, sondern es sind die gleichen Winkel. Scheitelwinkel oder so. / Ich glaub, das sind Scheitelwinkel. /////	
12:38	Zeichne ich bloß nochmal ab, weil die Zeichnung da oben ja sehr klein ist. ////////////////////////////////	
15:48	Ich habe, jetzt stell ich die fünf Gleichungen auf, ähm, also ein Gleichungssystem aus fünf Gleichungen. Ähm. Mit fünf Variablen, die ich brauche. Und fünf, die ich versuche wegzukriegen. ////////////	
17:07	Da, finde ich, sieht man, dass das gar nicht so einfach ist, wenn man so eine komplexe Figur hat, sich die ganzen Bezeichnungen zu merken, die man vorher gewählt hat. Wenn man dafür ne Regel aufgestellt hat, zum Beispiel dass ja immer der eine Winkel so heißt und der andere Winkel so, und ist trotzdem schwer zu merken, man muss sich das einfach aufschreiben. /////////////	
18:34	Ja, jetzt fang ich an, die Gleichungen immer nach einer Variablen aufzulösen und das dann einzusetzen in eine andere Gleichung. Dann setz ich, dann lös ich das, was ich da raus hab, wieder nach einer Variablen auf und mach dann immer so weiter. Wobei das, was man einsetzt, natürlich immer und immer länger wird. /////////////////////	
20:49	Ich weiß jetzt gar nicht, warum ich da so lange überlege. /// Hm, ja, stimmt natürlich. Jetzt weiß ich anscheinend auch wieder, wo ich bin. ////////////////	
22:41	Da hab ich den Fehler gemacht. Die Klammer kann man eben nicht weg lassen, weil man die innere nicht weg lassen kann. $180° - \gamma - \beta$. Ja, es passt ja doch. Das erkenn ich jetzt leider auf dem Bildschirm nicht so genau, aber ich glaube, ich hab das Minuszeichen da schon mit in die Klammer hinein genommen, das weiß ich jetzt nicht ganz genau. Auf jeden Fall hab ich da irgendwo in diesen Schritten meinen ersten Fehler gemacht. ///////////////	

24:33	Also verrechnet hab ich mich da auf jeden Fall, aber ich hab's ja, probier es ja gleich nochmal und es hat trotzdem nicht gepasst. Also irgendwie fehlt mir da noch ein Schritt von der Überlegung. Ich weiß nur leider nicht, welcher. //////
25:15	Und das ist das, was ich vorhin meinte, man kommt schnell durcheinander mit den verschiedenen, ähm, Benennungen. Und deshalb ist es am besten, wenn man sich das nochmal abzeichnet. Und größer, damit man wirklich alles genau so eintragen kann. ////////
26:13	Jetzt hab ich mir, nochmal mich konzentriert bei der Benennung, dass ich da nicht schon Fehler mache. Weil das wär ja irgendwie schade. /////////////
27:33	Also ich fange jetzt das Ganze nochmal an von vorne, damit ich mich genau drauf konzentriere, keine Fehler zu machen. In der ersten Rechnung hab ich ja Fehler gemacht, das sollte mir nicht nochmal passieren. //////////////////////
29:53	Also das ist jetzt im Prinzip ja nur nochmal das von vorher. Alles jetzt nochmal wiederholt. Nur halt mit mehr Konzentration, dass ich keine Fehler mache. / Mich hat das jetzt irgendwie geärgert, das sah so schön aus alles vorher, das passte irgendwie und irgendwie kam dann doch nicht das Richtige raus. Es war nicht so einfach, wie ich zunächst gedacht hatte. Bei den anderen Aufgaben war es ja meistens so, dass ich irgendwas ausgerechnet hab, Gleichungen aufgestellt hab und weiß genau, was ich gegeben hatte, und das dann eingesetzt hab, verändert, was weiß ich. Und zum Schluss kam eben das raus, was ich beweisen sollte. Und das war hier so knapp so. Es waren zwei Vorzeichen falsch, also es war annähernd. Gut, dass, es waren nicht nur zwei Vorzeichen falsch, das war ein Fehler, den ich da gemacht hab. Aber es hätte genauso gut sein können, dass der Fehler begünstigt hat, dass zwei Vorzeichen falsch sind und dass ich dann trotzdem das Richtige raus kriege beim zweiten Durchlauf. Es wäre schon gewesen, war aber leider nicht so und keine Ahnung. Ist halt so. / Na, ich bin die ganze Zeit dabei, das mit der ersten, mit dem ersten Durchgang zu vergleichen, aber ich hab da keinen Fehler gefunden. /////////////////////////
33:33	Das stimmt nicht, es kommt ja nichts Falsches raus. Es ist ja <u>klar</u>, dass ich verschiedene Vorzeichen hab, weil ich die verschiedenen Winkel verschieden oft von der Gesamtgleichung abziehe sozusagen. Dadurch kommen natürlich verschiedene Vorzeichen raus und daher funktioniert dieser Lösungsweg auch einfach gar nicht. Da muss man dann irgendwie als fünfte Gleichung irgendne andere Gleichung nehmen oder sowas Ähnliches, aber so funktioniert es

	halt nicht. Es ist ein Ansatz, aber nicht der endgültige Lösungsweg. //////////
34:59	Oder bei beiden. Aber ich glaube, mein zweiter Ansatz war richtig, da hab ich keine Fehler gemacht, beim ersten hab ich nen Fehler gemacht, aber beim zweiten das kann nicht funktionieren, weil, wie ich ja grade schon erklärt hab. Funktioniert nicht. Man müsste jetzt den Zusammenhang herstellen zwischen dem $-\delta-\beta$ und dem $2\varepsilon'$. Da gibt's bestimmt auch nen Zusammenhang, den man herstellen kann, aber da bin ich einfach nicht drauf gekommen. Naja, jetzt vergleich ich meine beiden Lösungen. Und da ist da was Unterschiedliches. Das war nämlich genau die Geschichte mit der Klammer, die ich vorhin gesagt hab. Genau anders rum nämlich, weil ich einmal das Minus beachtet hab und einmal nicht. //////
36:22	Da bin ich mir jetzt einfach unsicher, bei welcher, bei welchem Durchgang ich den Fehler gemacht hab, und überprüf das nochmal. ////////////////////
38:16	Ich glaub, ich hab mir da gewünscht, was ganz anderes rauszufinden, um dann irgendwie zum Schluss auf das richtige Ergebnis zu kommen. //////////////////////////////////
41:47	Also jetzt probier ich das einfach nochmal auf dem chaotischen Weg. Ich hab ja vorher das ziemlich strukturiert gemacht und immer eine Gleichung in die nächste undsoweiter, immer eine Gleichung weiter. Und jetzt setz ich einfach irgendwas gleich, setze irgendwie ein, um auf irgendein Ergebnis zu kommen. Aber es hat auch nicht funktioniert. ///////////
43:11	Und wie gesagt, einfach irgendwie Gleichung I und II gleichsetzen, in V einsetzen. Halt völlig chaotisch. Das, was mir grad gefällt, einfach machen. Hauptsache ist, man darf es machen und es bringt mir vielleicht irgendwas. /////////////////////////
45:44	Einfach querbeet alles ausprobieren. Manchmal hilft es ja, so zur Lösung zu kommen, aber leider eben nicht immer. Und diesmal auch nicht. /////////
46:41	Naja, ich hab nicht haargenau das raus, was ich vorher auch raus hatte, aber ich hab wieder zwei Winkel, die negativ drin stehen, und einer von den Hilfswinkeln, der doppelt vorkommt. / Das, was ich jetzt auch sage. //////////////

48:12	Na, ich hab auch keine Ahnung, wie ich das Problem jetzt lösen soll. Es ist einfach, es wär einfach zu schön gewesen, wenn alle Winkel einfach plus und fertig. Und alle Winkel miteinander multipliziert ergeben 180°, die Hilfswinkel fallen alle raus. Das wär schön. Aber es war halt nicht so. // Naja, vielleicht hätte ich den Weg weiter verfolgen sollen, aber ich glaub nicht wirklich, dass er mir was gebracht hätte. Nee, wahrscheinlich nicht. Wie das halt so ist. ///////////
50:04	Jetzt setz ich die beiden Gleichungen, meine Lösungen, meine beiden Endergebnisse, gleich und probiere, ob da das Richtige rauskommt, aber das hilft mir auch nicht wirklich weiter. Es ist jetzt eigentlich einfach nur noch Rumgerechne, um vielleicht mal durch Zufall auf die Hoffnung zu kommen. Äh, auf die Lösung zu kommen, die Hoffnung besteht, das wollte ich sagen. Also, wie gesagt, einfach nur noch probieren chaotisch, hm. Und vielleicht ergibt sich ja was. War dem halt nicht so, aber Versuch war's Wert. /////////////
51:49	Eigentlich kann es nicht so schwer sein, ein Gleichungssystem mit fünf Variablen zu lösen. Das heißt natürlich, es bleibt immer eine Variable zum Schluss drin. Stimmt schon irgendwie. Da hätte ich vielleicht weiterarbeiten müssen, dass ich noch ne sechste Gleichung finde. / Die ich ja eigentlich im Prinzip habe. $\alpha + \beta + \gamma + \delta + \varepsilon = 180°$. Vielleicht hätte ich's einfach damit gleichsetzen müssen / und dann da was einsetzen. Ich glaub, das hätte mir auch nicht weitergeholfen. / Ja, irgendwie schade. Aber natürlich bei fünf, bei fünf Gleichungen mit fünf Variablen. Man erhält ja bei nem Gleichungssystem immer eine Variable zum Schluss. Ich hab ja, klar, ich hab zehn Variablen, aber fünf davon sind ja meine Werte, die ich zum Schluss auch noch haben muss. Das konnte also gar nicht funktionieren wahrscheinlich. Naja, nicht so einfach. Das heißt es hätte natürlich funktionieren <u>können</u>, aber hat's halt nicht. // Wie gesagt, einfach wildes Rumprobieren und darauf hoffen, mehr als hoffen ist es nicht mehr. Dass ne Lösung rauskommt. Dass ich zum Schluss das bewiesen hab. Aber ne Idee, nen Lösungsansatz hab ich eigentlich nicht mehr. Den hatte ich und den, da kam ich nicht weiter, jetzt ist das einfach wirklich nur noch Ausprobieren. Einfach nur Zufall. /////////////////////
55:59	Da komm ich jetzt natürlich aber auch nicht weiter. ////////
56:42	Anscheinend versuch ich da, auf ne Lösung zu kommen. Ich hoffe, dass ich von jedem zwei hab. Aber // da sieht man schon das Problem. Ich hab jetzt zwar alles zweimal, aber die Vorzeichen sind immer noch genauso blöd wie vorher. Bringt mir also rein gar nichts. //////////

58:04	$+180°$. ////////	
58:54	Ja. Mir fehlt die sechste Gleichung. / Würd ich jetzt mal so spontan sagen. / Ich hätte ja auch einfach mal, ähm, für $+2\varepsilon$ hätte ich ja $+2\delta+2\beta$, also einfach mir überlegen, was ich für die 2ε einsetzen muss, damit ich zum Schluss das richtig raus hab und dann genau das beweise. Nur diese eine, diesen einen Term. Diese eine Teilgleichung. Das hätte mich vielleicht zu der Lösung gebracht. Wenn ich diese Teilgleich, hätte ich nämlich nur noch diese Teilgleichung beweisen müssen. Ich glaub, das hätte mir weitergeholfen, ich weiß es aber nicht. Ich kann's jetzt auch nicht mehr ausprobieren. Das, was ich da jetzt mache, ist einfach nur noch Rumprobieren. Die Zeit ist sowieso gleich um, aber mir ist einfach keine andere Idee mehr gekommen. Hauptsache, ich schreib noch irgendwas auf. Vielleicht komme ich ja noch weiter, aber naja, komm ich halt nicht. Aber ich finde den Gedanken mit der Teilgleichung ganz interessant. Ich hab ja $+2\varepsilon$ und $-\delta$ und $-\beta$. Ich müsste also $+2\varepsilon=+2$, äh, ja, $2\delta+2\beta$. Also $\varepsilon=\delta+\beta$, aber ich glaub, das stimmt auch nicht. Wenn man sich so den Fünfstern anguckt, stimmt das, glaub ich, nicht. Aber vielleicht hätte ich das ja irgendwie beweisen können und dann wär ich weitergekommen. Aber nee. So. Jetzt ist die Zeit auch gleich um. / Da hätte ich jetzt noch irgendwie das weiter ausrechnen können und zusammenfassen, aber das hätte mich auch nicht weiter gebracht. Denk ich. Das war's. ////	

12 Abbildungsverzeichnis

Alle Abbildungen dieser Arbeit wurden von mir selbst mit dem Programm Microsoft PowerPoint2010 erstellt. Sofern sie sich an Abbildungen anderer Autoren anlehnen, ist dies hier vermerkt.

Abb. 1	Denksportproblem „Streichholzkonfiguration"	vgl. Dörner, 1976, S. 13
Abb. 2	Problemtypisierung nach Dörner	vgl. Dörner, 1976, S. 14
Abb. 3	Informationsnetz „Kneipe"	vgl. Dörner, 1976, S. 29
Abb. 4	Test-Operate-Test-Exit	vgl. Heinrich, 2004, S. 23
Abb. 5	Heuristisches Rattenlabyrinth	vgl. Pólya, 1983, S. 117
Abb. 6	Phasenmodell nach Pólya	vgl. Pólya, 1949
Abb. 7	Zyklische Struktur von Problemlöseaktivitäten	vgl. Heinrich, 2004, S. 46
Abb. 8	Kompetenzmodell	vgl. Möschew-Butschko, 2012, S. 5
Abb. 9	Modellbildungskreislauf	vgl. Möwes-Butschko, 2010, S. 45
Abb. 10	Kreislauf d. Problemlöseprozesses	vgl. Möwes-Butschko, 2010, S. 46
Abb. 11	Steuerungsschritt-Arbeitsschritt-Modell	vgl. Heinrich, 2004, S.89
Abb. 12	Darstellung eines Wechsels	vgl. Heinrich, 2004, S. 90
Abb. 13	Darstellung einer Fortentwicklung	vgl. Heinrich, 2004, S. 91
Abb. 14	Handlungstheoretisches Modell eines Lösungsanlaufes	vgl. Heinrich, 2004, S. 180
Abb. 15	Handlungstheoretisches Modell eines Wechsels	vgl. Heinrich, 2004, S. 180
Abb. 16	Modell der Wechselinhalte	vgl. Dörner, 1976, S. 68
Abb. 17.1	Zeichnung zu Problem 1	vgl. Juskowiak, 2012/2013
Abb. 17.2	Zeichnung zu Problem 2	vgl. Juskowiak, 2012/2012
Abb. 17.3	Zeichnung zu Problem 3	vgl. Juskowiak, 2012/1013
Abb. 17.4	Zeichnung zu Problem 4	vgl. Juskowiak, 2012/2012
Abb. 17.5	Zeichnung zu Problem 5	vgl. Juskowiak, 2012/2013
Abb. 18.1	Versuchsperson während der Problembearbeitung	vgl. Juskowiak, 2012/2013
Abb. 18.2	Screenshots des Videos einer Versuchsperson bei der Bearbeitung von Problem 3	vgl. Juskowiak, 2012/2013

Abb. 18.3	Versuchsperson während der Audioreflexion	vgl. Juskowiak, 2012/2013
Abb. 19.1	Zeichnung zu Problem 4	vgl. Juskowiak, 2012/2013
Abb. 19.2	Bezeichnungen zur Lösungsmöglichkeit 1 für Problem 4	vgl. Juskowiak, 2012/2013
Abb. 19.3	Visualisierung der Lösungsmöglichkeit 1 für Problem 4	vgl. Juskowiak, 2012/2013
Abb. 19.4	Bezeichnungen zur Lösungsmöglichkeit 2 für Problem 4	vgl. Juskowiak, 2012/2013
Abb. 20.1	Ausschnitt aus der Bearbeitung von VP1	Bearbeitungsbogen
Abb. 20.2	Ausschnitt aus der Bearbeitung von VP1	Bearbeitungsbogen
Abb. 20.3	Ausschnitt aus der Bearbeitung von VP1	Bearbeitungsbogen
Abb. 21.1	Bearbeitungsbogen 1 der VP1	Material der Studie
Abb. 21.2	Bearbeitungsbogen 2 der VP1	Material der Studie
Abb. 21.3	Bearbeitungsbogen 3 der VP1	Material der Studie
Abb. 21.4	Bearbeitungsbogen 4 der VP1	Material der Studie
Abb. 21.5	Bearbeitungsbogen 5 der VP1	Material der Studie
Abb. 22	Flussdiagramm der VP1	
Abb. 23	Ausschnitt aus der Bearbeitung von VP2	Bearbeitungsbogen
Abb. 24.1	Bearbeitungsbogen 1 der VP2	Material der Studie
Abb. 24.2	Bearbeitungsbogen 2 der VP2	Material der Studie
Abb. 25	Flussdiagramm der VP2	
Abb. 26.1	Ausschnitt aus der Bearbeitung von VP11	Bearbeitungsbogen
Abb. 26.2	Ausschnitt aus der Bearbeitung von VP11	Bearbeitungsbogen
Abb. 26.3	Ausschnitt aus der Bearbeitung von VP11	Bearbeitungsbogen
Abb. 27.1	Bearbeitungsbogen 1 der VP11	Material der Studie
Abb. 27.2	Bearbeitungsbogen 2 der VP11	Material der Studie
Abb. 27.3	Bearbeitungsbogen 3 der VP11	Material der Studie
Abb. 28	Flussdiagramm der VP11	
Abb. 29.1	Ausschnitt aus der Bearbeitung von VP13	Bearbeitungsbogen
Abb. 29.2	Ausschnitt aus der Bearbeitung von VP13	Bearbeitungsbogen
Abb. 30.1	Bearbeitungsbogen 1 der VP13	Material der Studie

Abb. 30.2	Bearbeitungsbogen 2 der VP13	Material der Studie
Abb. 31	Flussdiagramm der VP13	
Abb. 32.1	Ausschnitt aus der Bearbeitung von VP14	Bearbeitungsbogen
Abb. 32.2	Ausschnitt aus der Bearbeitung von VP14	Bearbeitungsbogen
Abb. 33.1	Bearbeitungsbogen 1 der VP14	Material der Studie
Abb. 33.2	Bearbeitungsbogen 2 der VP14	Material der Studie
Abb. 34	Flussdiagramm der VP14	
Abb. 35	Diagramm zu Häufigkeit der Wechselanlässe	
Abb. 36	Diagramm zu Häufigkeit der Wechselanlässe bei Heinrich (2004)	vgl. Heinrich, 2004, S. 343
Abb. 37	Diagramm zur Häufigkeit der Wechselinhalte	

13 Tabellenverzeichnis

Tab. 1.1	Auszug aus dem Videotranskript von VP1	Material der Studie
Tab. 1.2	Auszug aus dem Videotranskript von VP1	Material der Studie
Tab. 1.3	Auszug aus dem Videotranskript von VP1	Material der Studie
Tab. 1.4	Auszug aus dem Videotranskript von VP1	Material der Studie
Tab. 1.5	Auszug aus dem Audiotranskript von VP1	Material der Studie
Tab. 1.6	Auszug aus dem Videotranskript von VP1	Material der Studie
Tab. 2.1	Auszug aus dem Audiotranskript von VP2	Material der Studie
Tab. 2.2	Auszug aus dem Videotranskript von VP2	Material der Studie
Tab. 2.3	Auszug aus dem Audiotranskript von VP2	Material der Studie
Tab. 2.4	Auszug aus dem Videotranskript von VP2	Material der Studie
Tab. 2.5	Auszug aus dem Videotranskript von VP2	Material der Studie
Tab. 2.6	Auszug aus dem Videotranskript von VP2	Material der Studie
Tab. 3.1	Auszug aus dem Videotranskript von VP11	Material der Studie
Tab. 3.2	Auszug aus dem Videotranskript von VP11	Material der Studie
Tab. 3.3	Auszug aus dem Videotranskript von VP11	Material der Studie
Tab. 3.4	Auszug aus dem Videotranskript von VP11	Material der Studie
Tab. 3.5	Auszug aus dem Audiotranskript von VP11	Material der Studie
Tab. 3.6	Auszug aus dem Videotranskript von VP11	Material der Studie
Tab. 4.1	Auszug aus dem Videotranskript von VP13	Material der Studie
Tab. 4.2	Auszug aus dem Videotranskript von VP13	Material der Studie
Tab. 5.1	Auszug aus dem Videotranskript von VP14	Material der Studie
Tab. 5.2	Auszug aus dem Audiotranskript von VP14	Material der Studie
Tab. 5.3	Auszug aus dem Videotranskript von VP14	Material der Studie
Tab. 5.4	Auszug aus dem Audiotranskript von VP11	Material der Studie
Tab. 5.5	Auszug aus dem Audiotranskript von VP11	Material der Studie

Tab. 5.6	Auszug aus dem Videotranskript von VP14	Material der Studie
Tab. 5.7	Auszug aus dem Videotranskript von VP14	Material der Studie
Tab. 6	Übersicht über die Wechselanlässe und -inhalte	selbst erstellt mit Word2010

14 Literaturverzeichnis

Becker, G. (1987): Über den Beitrag des Geometrieunterrichts zum Erwerb heuristischer Strategien. In: mathematica didactica 10, 3 / 4, S. 123 – 145.

Bortz, J. / Döring, N. (2009): Forschungsmethoden und Evaluation für Human- und Sozialwissenschaftler. Heidelberg: Springer-Medizin-Verlag.

Brander, S. / Kompa, A. / Peltzer, U. (1985): Denken und Problemlösen. Opladen: Westdeutscher Verlag

Bruder, R. / Collet, C. (2011): Problemlösen lernen im Mathematikunterricht. Berlin: Cornelsen.

Bruder, R. / Leuders, T. / Büchter, A. (2008): Mathematikunterricht entwickeln. Bausteine für kompetenzorientiertes Unterrichten. Berlin: Cornelsen.

Dörner, D. (1976): Problemlösen als Informationsverarbeitung. Stuttgart: Kohlhammer.

Fernandez, M. L. / Hadaway, N. / Wilson, J. W. (1994): Problem Solving: Managing It All. In: The Mathematics Teacher, Vol. 87, No. 3, S. 195 – 199.

Geering, P. (1992): Eigenständig Mathematik lernen. Auszug aus dem Schlussbericht des Projekts „Eigenständige Lerner". Pädagogische Hochschule St. Gallen, S. 1-7

Heinrich, F. (1992): Zur Entwicklung des Könnens der Schüler im Lösen von Komplexaufgaben (Diss.). Jena.

Heinrich, F. (2004): Strategische Flexibilität beim Lösen mathematischer Probleme: theoretische Analysen und empirische Erkundungen über das Wechseln von Lösungsanläufen. Hamburg: Kovač.

Heinrich, F. (2005): Sternfiguren. In: Mathematikinformation, Nr. 42, S. 40 – 58.

Hiebsch, H. (1977): Wissenschaftspsychologie: psychologische Fragen der Wissenschaftsorganisation. Berlin. Deutscher Verlag der Wissenschaft.

Hussy, W. (1993): Denken und Problemlösen. (Grundriss der Psychologie, Band 8). Stuttgart: Kohlhammer.

Jainta, P. (1997): Die Problemecke. In: alpha, 2. Velten: Becker, S. 22 ff..

Juskowiak, S. (2012/2013): Zur Selbstreflexion beim Bearbeiten mathematischer Probleme. Unveröffentlichtes Manuskript.

Kilpatrick, J. (1985): A Retrospective Account of the Past 25 Years on Teaching Mathematical Problem Solving. In: Silver, E. A. (Ed.): Teaching and Learning Mathematical Problem Solving: Multiple Research perspectives. Hillsdale: Lawrence Erlbaum Associates, S. 1 – 15.

Klix, F. (1992): Die Natur des Verstandes. Göttingen: Hogrefe.

Klix, F. (1993): Erwachendes Denken: geistige Leistungen aus evolutionspsychologischer Sicht. Heidelberg: Spektrum.

Kluwe, R. (1979): Wissen und Denken. Stuttgart: Kohlhammer.

Kluwe, R. H. (1983): Beweglichkeit des Denkens. In: Montada, L., Kognition und Handeln (S. 127 – 145). Stuttgart: Klett.

Köster, E. (1994): Problemlösen als Lernhandlung. Hamburg: Kovac.

Kratz, H. (1968): Wege zu einem kompetenzorientierten Mathematikunterricht: Ein Studien- und Praxisbuch für die Sekundarstufe. Seelze. Klett.

Leuders, T. (2001): Qualität im Mathematikunterricht. Berlin: Cornelsen.

Leuders, T. (2003): Problemlösen. In: Leuders, T. (Hrsg.): Mathematik Didaktik – Praxishandbuch für die Sekundarstufe I und II. Berlin: Cornelsen.

Lietzmann, W. (1963): Altes und Neues vom Kreis. Leipzig: Teubner.

Maier, H. (1991): Interpretative Forschung im Bereich der Mathematikdidaktik. In: Beiträge zum Mathematikunterricht 1991. Bad Salzdetfurth: Franzbecker, S. 97 – 107.

Mey, G. / Mruck, K. (2010): Handbuch Qualitative Forschung in der Psychologie (1. Auflage). Wiesbaden: Verlag für Sozialwissenschaften.

Möwes-Brutschko, G. (2010): Offene Aufgaben aus der Lebensumwelt Zoo. Problemlöse- und Modellierungsprozesse von Grundschülerinnen und Grundschülern bei offenen realitätsnahen Aufgaben. Münster: WTM.

Poincartè, H. (1914): Wissenschaft und Methode. Berlin: Teubner.

Pólya, G. (1983): Vom Lösen mathematischer Aufgaben: Einsicht und Entdeckung, Lernen und Lehren. Basel: Birkhäuser.

Rott, B. (2013): Mathematisches Problemlösen. Ergebnisse einer empirischen Studie. Münster: WTM.

Schmidt, J. (1987): Von der Organisationsentwicklung zur Selbstorganisation. Prozeßbeschreibung und

Schmidt, J. (1989): Selbststeuernde Gruppen - Ein Erfahrungsbericht. Organisationsentwicklung, 8, (3), S. 21 - 31.

Schoenfeld, A. H. (1985): Mathematical problem solving. Orlando: Academic Press Inc.

Scholz, E. (1980): Geschichte des Mannigfaltigkeitsbegriffs von Riemann bis Poincaré. Boston: Birkhäuser Verlag.

Volpert, W. (1987): Psychische Regulation von Arbeitstätigkeiten. In: Rutenfranz / Kleinbeck (Hrsg.): Arbeitspsychologie, Serie III, Bd. 1, S. 1-42. Göttingen: Hogrefe.

Weidle, R. / Wagner, A. C. (1982): Die Methode des Lauten Denkens. In: Huber, G. L. / Mandl, H. (Hrsg.): Verbale Daten. Eine Einführung in die Grundlagen und Methoden der Erhebung und Auswertung. Beltz: Weinheim, S. 81 – 103.

Weinert, F.E. (1989): Vorwort zu deutschsprachigen Ausgabe. In: Weisberg, R.W., Kreativität und Begabung (S.11 – 14). Heidelberg: Spektrum.

Wittmann, G. (2009): Problemlösen. In: Weigand, H.-G. (Hrsg.): Didaktik der Geometrie in der Sekundarstufe I. Heidelberg: Spektrum Akademischer Verlag, S. 81 – 98.

Woolfolk, A. (2008): Pädagogische Psychologie. 10. Auflage. München: Pearson Studium.

Zech, F. (1996): Grundkurs Mathematikdidaktik. Theoretische und praktische Anleitung für das Lehren und Lernen von Mathematik. 8., völlig neu bearbeitete Auflage. Weinheim und Basel: Beltz.

Zimmermann, B. (2003): Mathematisches Problemlösen und Heuristik in einem Schulbuch. In: Der Mathematikunterricht (MU), Heft 1 / 2003.